高等教育安全科学与工程类系列教材

安全工程专业实验

主　编　周　艳

副主编　胡卫萱　关文玲

参　编　赵代英　怀　霞　李　玲　董呈杰
　　　　王　丽　支晓伟　王晓丽　毕成良

机械工业出版社

本书根据安全科学与工程的学科特点、安全工程专业本科课程体系以及《工程教育认证标准》对安全工程专业实验的要求，结合作者长期从事安全工程专业的本科教学经验编写而成，是一本综合性的安全工程专业本科实验指导教材，主要包括实验室安全、火灾与爆炸实验、安全人机工程实验、危险化学品安全实验、电气安全技术实验、工业通风与除尘实验、安全检测实验、应急救援实验等内容。本书的编写力求覆盖我国高等院校安全工程专业的主要基础实验项目，同时根据《高等学校课程思政建设指导纲要》在各实验中融入了相关课程思政元素。

本书主要作为高等院校安全工程、应急管理及相关本科专业的实验教材，也可供从事安全生产技术工作的专业人员学习参考。

图书在版编目（CIP）数据

安全工程专业实验/周艳主编. —北京：机械工业出版社，2022.12
高等教育安全科学与工程类系列教材
ISBN 978-7-111-72010-2

Ⅰ.①安…　Ⅱ.①周…　Ⅲ.①安全工程-实验-高等学校-教材　Ⅳ.①X93-33

中国版本图书馆 CIP 数据核字（2022）第 212060 号

机械工业出版社（北京市百万庄大街 22 号　邮政编码 100037）
策划编辑：冷　彬　　　　　责任编辑：冷　彬　舒　宜
责任校对：薄萌钰　王　延　封面设计：张　静
责任印制：单爱军
北京虎彩文化传播有限公司印刷
2023 年 1 月第 1 版第 1 次印刷
184mm×260mm · 12.25 印张 · 287 千字
标准书号：ISBN 978-7-111-72010-2
定价：39.80 元

电话服务　　　　　　　　　　网络服务
客服电话：010-88361066　　机 工 官 网：www.cmpbook.com
　　　　　010-88379833　　机 工 官 博：weibo.com/cmp1952
　　　　　010-68326294　　金 书 网：www.golden-book.com
封底无防伪标均为盗版　机工教育服务网：www.cmpedu.com

前　言

　　安全工程专业实验是安全工程专业实践教学体系的重要组成部分，是将理论知识推向工程化应用的重要途径，是培养学生动手能力和形成科研思维的重要手段。本书根据安全工程的学科特点，以学生为导向，依据当代社会对应用型人才培养的要求以及工程教育专业认证对安全工程专业课程体系的要求，结合编者团队成员长期从事安全工程专业的本科教学经验编写而成，是一本综合性的安全工程专业本科实验指导教材。同时，为实现全程育人、全方位育人，本书以《高等学校课程思政建设指导纲要》为指导，结合实验内容，深入挖掘思政元素，强化工程伦理教育。

　　本书主要内容包括火灾与爆炸、安全人机工程、危险化学品安全、电气安全技术、工业通风与除尘、安全检测、应急救援等实验模块，其特色主要有：

　　1）基于OBE理念设计实验项目。本书的实验项目是在广泛调研企业实际需求的基础上构建和设计的，具有较强的实用性。

　　2）实验体系上，共分7个模块，共计45个实验项目。实验项目类别广泛，内容充实，基本涵盖了安全工程专业所涉及的相关领域，具有较强的专业性。

　　3）紧跟科技进步，与时俱进，将虚拟仿真实验引入专业实验教学环节。安全工程专业实验涉及燃烧爆炸、有毒有害物质、密集人群疏散等方面的内容，实验项目本身往往具有较大的破坏性、危险性或受到场地条件制约等特点。虚拟仿真依托先进的虚拟现实、人机交互、多媒体、数据库和网络通信等多种信息技术，创建高度仿真的虚拟实验环境和实验对象，可在虚拟环境中运用实验设备完成相应的实验内容而达到预期的教学目标。

　　4）实验深度上，增加了综合性、设计性实验的比例，采用问题导向的模式，引导学生独立思考、综合分析，提升学生解决复杂安全工程问题的能力。

　　5）以立德树人的治学理念为根本，结合"三全育人"（全员育人、全程育人、全方位育人）等新时期的新理念、新要求，在实验教学过程中有机融入思政元素，对学生实践技能训练的同时，注重学生家国情怀、文化自信及工匠精神等素质的培养，以及严谨认真、实事求是团结协作等优良品格的形成。

　　本书在编写过程中参阅了一些同类书和相关资料，在此，谨对这些文献的作者表示最诚挚的谢意。

　　由于编者水平有限，书中疏漏和错误在所难免，敬请各位读者批评指正。

编　者

目　录

第 1 章
实验室安全

1.1 实验室安全管理

1.1.1 实验室安全概况

实验室安全管理是高校实验室建设与管理不可或缺的重要组成部分。实验室安全关系到学校实验教学和科学研究能否顺利进行，国家财产能否免受损失，师生员工的人身安全能否得到保障，对高校乃至整个社会的安全和稳定都至关重要。近年来，高校实验室由于师生在实验中操作不当、设备老化、消防措施不到位等原因导致爆炸、火灾所引起的重要资料被烧毁、人员伤亡等事故时有发生，造成的损失无法估量。例如，2011 年，广东某高校有机化学实验室突然起火，实验室内大量化学品被点燃，散发大量有毒气体，大火蔓延至实验楼 2 层、3 层，顶层的发电机也被波及；2015 年，北京某高校的一间实验室发生氢气泄漏，高温引发氢气爆炸，导致一名正在做实验的博士后当场死亡；2018 年，北京某高校一实验室由于堆放了大量的易燃易爆化学品（30 桶镁粉、8 桶催化剂、6 桶磷酸钠等），导致爆炸燃烧，事故造成 3 人死亡。这一系列事故的发生使实验室安全问题成为人们关注的焦点。

1. 实验室安全特点

（1）实验室种类多，安全管理复杂

高校作为高等教育的载体，其教学、科研涉及多个领域，因此，高校实验室往往种类复杂，数量繁多。实验室安全可能涉及危险化学品、病原微生物、实验动植物、特种设备、放射源与射线装置、实验废弃物等等多种内容。同时，由于高校的科学研究涉及前沿领域，因此许多实验室在使用新工艺、新技术、新产品、新方法的过程中，会产生很多新的潜在危害；另外，不同实验室的研究方向不同，危险的类别也不同，产生的废弃物各异。这些特点决定了高校实验室安全管理的内容多、难度高。

（2）实验室人员复杂，流动性较大

目前，高校的实验操作人员主要分为三类：第一类是本科生，数量最多，流动性较大；第二类是进行科学研究的教师和研究生，相对较为固定；第三类人员为实验技术人员，一般为固定工作人员。容易产生安全问题的常常是本科生和研究生。这些学生安全意识较为淡薄，由于进入实验室的时间短、经历少，常常认识不到存在的潜在危险，对实验室有着较强的好奇心，可能会在实验室乱翻、乱摸、乱动，产生人的不安全行为。而且这些人员流动性强，安全教育很难到位，以致发生不遵守规章制度、操作规程的行为。

（3）实验室用房紧张，硬件投入不足，分区不明确

高校实验室按使用者主要分为教学实验室和教师科研实验室。由于教学实验和科研对实验室用房的需求均比较大，导致实验用房紧张，不少实验室处于超负荷运转状态。另外，教师科研实验室常常面积不大，学生众多，实验项目众多，使得实验室很难进行有效的分区，不同危险性质的实验操作台没有明确划分，很多设备设施存在共用现象。上述原因都可能导致实验室安全风险的扩大。

另外，由于经费投入有限，实验室许多设备不能及时维修、更新，存在电线老化、设备设施不稳定、管道锈蚀破损、消防设施不足等现象。这些也会带来一系列的安全风险。

2. 实验室常见事故类型

实验室事故主要表现为火灾、爆炸、毒害及机械伤害等。

（1）实验室火灾事故

实验室火灾事故是实验室事故中发生频率最高、最常见的事故。造成高校实验室火灾事故发生的直接原因通常有以下几种：

1）供电线路老化或超负荷运行，导致电气线路发热引起火灾。

2）使用电器设备后忘记关掉电源，致使设备长时间处于通电状态，温度过高而引起火灾。

3）实验操作不当或实验场所材料（设备）布局不当，导致火源与易燃物接触，或者是乱扔烟头等导致火灾的发生。

4）易自燃的化学药品（如白磷等）储存或使用不当导致火灾的发生。

5）其他原因导致火灾的发生，如在实验过程中不小心碰倒酒精、汽油等易燃物引发火灾等。

（2）实验室爆炸事故

实验室爆炸事故是高校实验室的常发性事故。爆炸事故多发生在具有易燃易爆物品和压力容器的实验室。造成这类事故发生的直接原因主要有以下几种：

1）违反操作规程，引燃易燃物品而引起爆炸事故的发生。

2）实验设备老化，存在故障或缺陷，造成易燃易爆物品泄漏，遇火花导致爆炸的发生。

3）实验器材通气管阻塞，设备无法正常运转而导致爆炸的发生。

4）易爆物储存不合规而引起爆炸。

（3）实验室毒害性事故

实验室毒害性事故也是高校实验室常发事故之一，大多发生在具有化学药品和有毒物质的化学实验室。造成毒害性事故发生的直接原因通常有以下几种：

1）违反实验操作规则，随便乱放有毒物质，甚至将食物带进实验室，造成误食中毒或食物被有毒物质污染。

2）实验设备老化或存在故障，或者由于爆炸等原因造成有毒物质泄漏或有毒气体无法正常排放，导致毒害性事故的发生。

3）实验室管理不善，造成有毒物品散落或流失，引起环境污染或毒害事故的发生。

4）废水排放管线受阻或失修，造成有毒废水未经处理流出，引起环境污染而导致毒害性事故的发生等。

（4）实验室机械伤害事故和触电事故

实验室机械伤害事故和触电事故大多发生在有高速运转或冲击运动的机械实验室，或带电作业的电气实验室等。造成实验室机械伤害事故发生的主要原因如下：

1）实验操作不当或缺少保护操作，当设备在高速运转时，可能造成设备挤压、脱落、碰撞而导致伤人事故的发生。

2）违反实验操作规则或因设备老化而造成漏电、触电、电弧火花伤人。

3）实验设备使用不当造成高温气体或液体外喷或外溢伤人等。

1.1.2 教育部关于加强高校实验室安全工作的意见

为切实增强高校实验室安全管理能力和水平，确保安全隐患及时消除，杜绝实验室安全重特大事故发生，营造安全和谐的教学、科研环境，2019 年，教育部印发了《教育部关于加强高校实验室安全工作的意见》（教技函〔2019〕36 号），切实增强高校实验室安全管理能力和水平，保障校园安全稳定和师生生命安全。《教育部关于加强高校实验室安全工作的意见》主要内容如下：

1. 提高认识，深刻理解实验室安全的重要性

（1）进一步提高政治站位

各地教育行政部门和高校要从牢固树立"四个意识"和坚决做到"两个维护"的政治高度，进一步增强紧迫感、责任感和使命感，深刻认识高校实验室安全工作的极端重要性，并作为一项重大政治任务坚决完成好。

（2）充分认识复杂艰巨性

高校实验室是开展科研和教学实验的固定场所，体量大、种类多、安全隐患分布广，包括危险化学品、辐射、生物、机械、电气、特种设备、易致毒致爆材料等，重大危险源和人员相对集中，安全风险具有累加效应。

（3）强化安全红线意识

各高校要把安全摆在各项相关工作的首位，把实验室安全作为不可逾越的红线，牢固树立安全发展理念，弘扬生命至上、安全第一的思想，坚决克服麻痹思想和侥幸心理，抓源头、抓关键、抓瓶颈，做到底数清、责任明、管理实，切实解决实验室安全薄弱环节和突出矛盾，掌握防范化解遏制实验室安全风险的主动权。

2. 强化落实，健全实验室安全责任体系

（1）强化法人主体责任

各高校要严格按照"党政同责，一岗双责，齐抓共管，失职追责"和"管行业必须管安全、管业务必须管安全"的要求，根据"谁使用、谁负责，谁主管、谁负责"原则，把责任落实到岗位、落实到人头，坚持精细化原则，推动科学、规范和高效管理，营造人人要安全、人人重安全的良好校园安全氛围。

（2）建立分级管理责任体系

构建学校、二级单位、实验室三级联动的实验室安全管理责任体系。学校党政主要负责人是第一责任人；分管实验室工作的校领导是重要领导责任人，协助第一责任人负责实验室安全工作；其他校领导在分管工作范围内对实验室安全工作负有支持、监督和指导职责。学校二级单位党政负责人是本单位实验室安全工作主要领导责任人。各实验室责任人是本实验室安全工作的直接责任人。各高校应当有实验室安全管理机构和专职管理人员负责实验室日常安全管理。

3. 务求实效，完善实验室安全管理制度

（1）建立安全定期检查制度

各高校要对实验室开展"全过程、全要素、全覆盖"的定期安全检查，核查安全制度、责任体系、安全教育落实情况和存在的安全隐患，实行问题排查、登记、报告、整改的"闭环管理"，严格落实整改措施、责任、资金、时限和预案"五到位"。对存在重大安全隐患的实验室，应当立即停止实验室运行直至隐患彻底整改消除。

（2）建立安全风险评估制度

实验室对所开展的教学科研活动要进行风险评估，并建立实验室人员安全准入和实验过程管理机制。实验室在开展新增实验项目前必须进行风险评估，明确安全隐患和应对措施。在新建、改建、扩建实验室时，应当把安全风险评估作为建设立项的必要条件。

（3）建立危险源全周期管理制度

各高校应当对危化品、病原微生物、辐射源等危险源，建立采购、运输、存储、使用、处置等全流程全周期管理。采购和运输必须选择具备相应资质的单位和渠道，存储要有专门存储场所并严格控制数量，使用时须由专人负责发放、回收和详细记录，实验后产生的废弃物要统一收储并依法依规科学处置。对危险源进行风险评估，建立重大危险源安全风险分布档案和数据库，并制定危险源分级分类处置方案。

（4）建立实验室安全应急制度

各高校要建立应急预案逐级报备制度和应急演练制度，对实验室专职管理人员定期开展应急处置知识学习和应急处理培训，配齐配足应急人员、物资、装备和经费，确保应急功能完备、人员到位、装备齐全、响应及时。

4. 持之以恒，狠抓安全教育宣传培训

（1）持续开展安全教育

各高校要按照"全员、全面、全程"的要求，创新宣传教育形式，宣讲普及安全常识，强化师生安全意识，提高师生安全技能，做到安全教育的"入脑入心"，达到"教育一个学生、带动一个家庭、影响整个社会"的目的。要把安全宣传教育作为日常安全检查的必查内容，对安全责任事故一律倒查安全教育培训责任。

（2）加强知识能力培训

学校的分管领导、有关职能部门、二级院系和实验室负责安全管理的人员要具备相应的实验室安全管理专业知识和能力。建立实验室人员安全培训机制，进入实验室的师生必须先进行安全技能和操作规范培训，掌握实验室安全设备设施、防护用品的维护使用，未通过考核的人员不得进入实验室进行实验操作。对涉及有毒有害化学品、动物及病原微生物、放射源及射线装置、危险性机械加工装置、高压容器等各种危险源的专业，逐步将安全教育有关课程纳入人才培养方案。

5. 组织保障，加强安全工作能力建设

（1）保障机构人员经费

各高校应当根据实验室安全工作的实际情况和需求，明确实验室安全管理的职能部门；加强安全队伍建设，配备充足的专职安全人员，并不断提高素质和能力；保障安全工作的经费投入，确保安全管理制度能够切实有效执行。

（2）加强基础设施建设

各高校应当加强安全物质保障，配备必要的安全防护设施和器材，建立能够保障实验人员安全与健康的工作环境。提升实验室安全管理的信息化水平，建立和完善实验室安全信息管理系统、监控预警系统，促进信息系统与安全工作的深度融合。

6. 责任追究，建立安全工作奖惩机制

（1）纳入工作考核内容

各高校应当将实验室安全工作纳入学校内部检查、日常工作考核和年终考评内容，对在实验室安全工作中成绩突出的单位和个人给予表彰奖励；对未能履职尽责的单位和个人，在考核评价中予以批评和惩处。

（2）建立问责、追责机制

各高校要对发生的实验室安全事故，开展责任倒查，严肃追究相关单位及个人的事故责任，依法依规处理。对于实验室安全责任制度落实不到位，安全管理存在重大问题，安全隐患整改不及时、不彻底的单位，学校上级主管部门会同纪检监察机关、组织人事部门和安全生产监管部门，按照各部门权限和职责分别提出问责追责建议。

1.2 实验室安全要求

1.2.1 实验室安全意识

纵观高校实验室相关事故案例，许多事故的发生源于实验人员安全意识缺乏，许多学生存在"事故不会发生在我头上，事故不会发生在这里"的侥幸心理，实验时不遵守操作规程，对危险"无知无畏"。因此，牢固树立安全第一的理念，让安全成为习惯，是解决实验室安全问题的重中之重。

1. 进入实验室前需要思考的问题

需要思考的问题包括：可能会出现哪些危险事故；最严重可能会出现什么安全问题；这些危险出现时是否知道该怎么处置；是否学会安全使用仪器设备；是否需要佩戴个人防护用品；是否知道疏散路线等。

2. 进入实验室的良好习惯

（1）实验前准备阶段

1）实验前要进行简单而全面的思考，将实验中所需的各种试剂、仪器以及实验流程、注意事项等问题想清楚，避免实验时因准备不足而自乱阵脚。

2）做新实验之前可以请教做过类似实验的人员，对于不常做的实验最好列一份详尽的实验流程表，贴于试验台前，在需要特别注意的地方做标注。

3）进入实验室必须穿着实验服，并根据实验需要配备防护手套、防护眼镜、防护面罩、呼吸器、护听器等防护用品。实验人员不得穿拖鞋、短裤、裙装等进行实验。

4）留长发的人员要将头发整理好，避免实验中用手整理而引起危险，或是使用酒精灯时将头发烧着。实验前应将手上的装饰品（手镯、手表等）取下来。

5）了解实验室安全防护设施的使用方法及布局，即熟悉在紧急情况下的逃离路线和紧急疏散方法，清楚灭火器、应急冲淋及洗眼器等实验室应急装置的使用方法和位置，熟记事故救援电话。

（2）实验进行阶段

1）严格遵守各项规章制度和仪器设备操作规程。

2）不得在实验室饮食、储存食品、饮料等个人生活物品；不得做与实验、研究无关的事情。严禁使用明火及移动取暖设备；严禁留宿。不得使用燃烧性蚊香。

3）整个实验室区域禁止吸烟（包括室内、走廊、电梯间等）。

4）不得将与实验无关的人员和物品带入实验室。

5）实验过程中保持桌面和地板的清洁和整齐，与正在进行的实验无关的药品、仪器和杂物等不要放在实验台上。

6）新进人员以及本科生不得单独进行实验；单人不得从事危险性实验与过夜实验，通宵实验应事先审批。

7）若在实验工作中碰到问题，应及时请教该实验室或仪器设备责任人，不得盲目操作。

8）保持实验室门和走道畅通，最小化存放实验室的试剂数量，未经允许严禁储存剧毒药品。

9）做实验期间严禁长时间离开实验现场。

10）进行某些危险实验时室内必须有两人以上，以保证实验安全。

（3）实验结束阶段

1）实验结束后，要将实验台上的实验试剂放到原来的位置，将实验仪器恢复到实验前的状态。

2）实验中使用的玻璃器皿要及时清洗，需要浸泡的要浸泡，浸泡的大烧杯或是水盆、水桶等容器要用保鲜膜封好。

3）将实验台收拾好后擦干净。

4）离开实验室前须洗手，不可穿实验服、戴手套进入餐厅、图书馆、会议室、办公室等公共场所。

1.2.2　实验室安全措施及相关规定

1. 化学品储存安全

1）所有化学药品的容器都要贴上清晰、永久的标签，以标明内容及其潜在危险。

2）所有化学药品都应具备物品安全数据清单。

3）熟悉所使用的化学药品的特性和潜在危害。

4）对于在储存过程中不稳定或易形成过氧化物的化学药品，需加注特别标记。

5）化学药品应储存在合适的高度，通风橱内不得储存化学药品。

6）装有腐蚀性液体容器的储存位置应当尽可能低，并加垫收集盘，以防倾洒引起事故。

7）将不稳定的化学品分开储存，标签上标明购买日期。将有可能发生化学反应的药品试剂分开储存，以防相互作用产生有毒烟雾、火灾，甚至爆炸。

8）挥发性和有毒物品需要特殊储存条件，未经允许不得在实验室储存剧毒药品。

9）在实验室内不得储存大量易燃溶剂，用多少、领多少。未使用的整瓶试剂须放置在远离光照、热源的地方。

10）接触危险化学品时必须穿工作服，戴防护镜，穿不露脚趾的满口鞋，长发必须束起。

11）不得将腐蚀性化学品、毒性化学品、有机过氧化物、易自燃品和放射性物质保存在一起，特别是漂白剂、硝酸、高氯酸和过氧化氢。

2. 有机溶剂使用安全

（1）易燃有机溶剂

许多有机溶剂如果处理不当均会引起火灾甚至爆炸。溶剂和空气的混合物一旦燃烧便迅速蔓延，可以在瞬间点燃易燃物体，在氧气充足（如氧气钢瓶漏气）的地方着火，火力更猛，可引燃一些不易燃物质。当易燃有机溶剂蒸气与空气混合并达到一定的浓度范围时，甚至会发生爆炸。

使用易燃有机溶剂时，需注意以下事项：

1）将易燃液体的容器置于较低的试剂架上。

2）保持容器密闭，需要倾倒液体时，方可打开密闭容器的盖子。

3）应在没有火源并且通风良好（如通风橱）的地方使用易燃有机溶剂，但注意用量不要过大。

4）储存易燃溶剂时，应该尽可能减少存储量，以免引起危险。

5）加热易燃液体时，最好使用油浴或水浴，不得用明火加热。

6）使用易燃有机溶剂时应特别注意使用温度和实验条件，例如机溶剂的燃点、自燃温度、燃烧浓度范围。

7）化学气体和空气的混合物燃烧会引起爆炸（如3.25g丙酮气体燃烧释放的能量相当于10gTNT炸药释放的能量），因此燃烧实验需谨慎操作。

8）使用过程中，需警惕以下常见火源：明火（本生灯、焊枪、油灯、壁炉、火苗、火柴）、火星（电源开关、摩擦）、热源（电热板、灯丝、电热套、烘箱、散热器、可移动加热器、香烟）、静电电荷。

（2）有毒有机溶剂

有机溶剂的毒性表现在溶剂与人体接触或被人体吸收时引起局部麻醉刺激或整个机体功能发生障碍，例如，醛类、酮类溶剂易损害神经系统，苯及其衍生物会发生血液中毒，卤代烃类会导致肝脏及新陈代谢中毒，四氯乙烷及乙二醇类会引起严重肾脏中毒等。使用时应注意以下事项：

1）皮肤尽量不要与有机溶剂直接接触，务必做好个人防护。

2）注意保持实验场所通风。

3）在使用过程中如果有毒有机溶剂溢出，应根据溢出的量，移开所有火源，提醒实验室现场人员用灭火器喷洒，再用吸收剂清扫、装袋、封口，作为废溶剂处理。

3. 用电安全

1）实验室内严禁私拉电线。

2）使用插座前需了解额定电压和功率，不得超负荷使用电插座。

3）插线板上禁止再串接插线板。同一插线板上不得长期同时使用多种电器。

4）大型仪器设备需使用独立插座。

5）不得长期使用临时接线板。

6）节约用电。下班前和节假日放假离开实验室前应关闭空调、照明灯具、计算机等电器。即使在工作日，非必要不要开启这些电器。

4. 用水安全

实验室用水分为自来水、纯水及超纯水三类。在使用时应注意如下事项：

1）节约用水，按需求量取水。

2）根据实验所需水的质量要求选择合适的水。洗刷玻璃器皿应先使用自来水，最后用纯水冲洗；色谱、质谱及生物实验（包括缓冲液配置、水栽培、微生物培养基制备、色谱及质谱流动相等）应选用超纯水。

3）超纯水和纯水都不要存储，随用随取。若长期不用，在重新启用之前，要打开取水开关，使超纯水或纯水流出约几分钟时间后再接用。

4）用毕切记关好水龙头。

5. 仪器、设施、器具使用安全

（1）玻璃器皿

正确地使用各种玻璃器皿对于减少人员伤害是非常重要的。实验室中不允许使用破损的玻璃器皿。对于不能修复的玻璃器皿，应当按照废物处理。在修复玻璃器皿前应清除其中所残留的化学药品。实验室人员在使用各种玻璃器皿时，应注意以下事项：

1）在橡皮塞或橡皮管上安装玻璃管时，应戴防护手套。先将玻璃管的两端用火烧光滑，并用水或油脂涂在接口处做润滑剂。对黏结在一起的玻璃器皿，不要试图用力拉，以免伤手。

2）破碎玻璃应放入专门的垃圾桶。破碎玻璃在放入垃圾桶前，应用水冲洗干净。

3）普通的玻璃器皿即使是在较低的压力下也有较大危险，因而禁止将普通的玻璃器皿用于压力反应实验。

4）不要将加热的玻璃器皿放于过冷的台面上，以防止温度急剧变化而引起玻璃破碎。

（2）真空泵

真空泵是用于过滤、蒸馏和真空干燥的设备。常用的真空泵有三种：空气泵、油泵、循环水泵。水泵和油泵可抽真空到 $20 \sim 100 mmHg$，高真空油泵可抽真空到 $0.001 \sim 5 mmHg$。使用时应注意下列事项：

1）油泵前必须接冷阱。

2）循环水泵中的水必须经常更换，以免残留的溶剂被电动机火花引爆。

3）使用完之前，先将蒸馏液降温，再缓慢放气，达到平衡后再关闭。

4）油泵必须经常换油。

5）油泵上的排气口上要接橡皮管并通到通风橱内。

（3）通风橱

通风橱的作用是保护实验室人员远离有毒有害气体，但也不能排出所有毒气。使用时应注意下列事项：

1）化学药品和实验仪器不能在出口处摆放。

2）做实验时不能关闭通风。

（4）气体钢瓶

钢瓶内的物质经常处于高压状态，当钢瓶倾倒、遇热、遇不规范的操作时都可能会引发爆炸等危险。钢瓶压缩气体除易爆、易喷射外，许多气体易燃、有毒且具腐蚀性。

1）正常安全气体钢瓶的特征：

① 钢瓶表面要有清楚的标签，注明气体名称。

② 气瓶均具有颜色标识。

③ 所有气体钢瓶必须装有减压阀。

2）气体钢瓶的存放：

① 压缩气体属一级危险品，尽可能减少存放在实验室的钢瓶数量，实验室内严禁存放

氢气。

② 气体钢瓶应当靠墙直立放置，并采取防止倾倒措施；应当避免曝晒、远离热源、腐蚀性材料和潜在的冲击；钢瓶不得放于走廊与门厅，以防紧急疏散时受阻及其他意外事件的发生。

③ 易燃气体气瓶与助燃气体气瓶不得混合放置；可燃、易燃压力气瓶与明火的距离不得小于10m；易燃气体及有毒气体气瓶必须安放在室外，并放在规范的、安全的铁柜中。

3）气体钢瓶的使用：

① 打开减压阀前应当擦净钢瓶阀门出口的水和灰尘。钢瓶使用完，将钢瓶主阀关闭并释放减压阀内过剩的压力，须套上安全帽（原设计中不需安全帽的除外）以防阀门受损。取下安全帽时必须谨慎小心，以免无意中打开钢瓶主阀。

② 不得将钢瓶完全用空（尤其是乙炔、氢气、氧气钢瓶），必须留存一定的正压力。

③ 气体钢瓶必须在减压阀和出气阀完好无损的情况下，在通风良好的场所使用，涉及有毒气体时应增加局部通风。

④ 在使用装有有毒或腐蚀性气体的钢瓶时，应戴好防护眼镜、面罩、手套和工作围裙。严禁敲击和碰撞压力气瓶。

⑤ 氧气钢瓶的减压阀、阀门及管路禁止涂抹油类或脂类。

⑥ 钢瓶转运应使用钢瓶推车并保持直立，同时关紧减压阀。

（5）离心机

在固液分离时，特别是对含很小的固体颗粒悬浮液进行分离时，离心分离是一种非常有效的途径。使用时注意以下几点：

1）在使用离心机时，离心管必须对称平衡，否则应用水作平衡物以保持离心机平衡旋转。

2）离心机启动前应盖好离心机的盖子，先在较低的速度下进行启动，然后再调节至所需的离心速度。

3）当离心操作结束时，必须等到离心机停止运转后再打开盖子，禁止在离心机未完全停止运转前打开盖子或用手触摸离心机的转动部分。

4）玻璃离心管要求较高的质量，塑料离心管中不能放入热溶液或有机溶剂，以免在离心时管子变形。

5）离心的溶液的装入量一般控制在离心管体积的一半左右，切不能放入过多的液体，以免离心时液体散佚。

（6）冰箱和冰柜

实验室中的冰箱均无防爆装置，不适用存放易燃、易爆、挥发性溶剂。

1）严禁在冰箱和冰柜内存放个人食品。

2）所有存放在冰箱和冰柜内的低沸点试剂均应有规范的标签。

3）放入冰箱和冰柜的所有容器须密封，要定期清洗冰箱及清除不需要的样品和试剂。

1.2.3　实验室常见事故应急措施

1. 火灾的扑救

电器起火时，首先要切断电源，用干粉或气体灭火器、湿毛毯等将火扑灭，不可用水扑救。衣服、织物及小件家具着火时，应将着火物拿到室外或卫生间等安全处用水浇灭，不要在室内扑打，以免引燃可燃物。

实验室密闭房间着火时，注意不要急于开启门窗，以防止空气进入加大火势。着火后尽快将着火处附近的易燃易爆物放置到安全地方。

电线冒火花时不能靠近，以防触电，同时应关闭电源总开关或通知供电部门断电后扑救。汽油、煤油、酒精等易燃物着火时，不要用水浇，只能用灭火器、细砂、湿毛毯等扑救。

若火势较大，预计难以控制时，应立即拨打"119"报警，详细报告火灾地点、着火楼层、燃烧物质等，并组织和转移火灾现场人员至安全地带等待救援。

2. 玻璃器皿划伤

如果只是轻微划破皮出血且伤口不大，可用冷开水（或自来水）冲洗伤口表面的血渍，然后用碘伏或者75%酒精（或其他消毒液）消毒，贴上创可贴；若伤口内有玻璃残渣等异物，首先用镊子小心将玻璃碎片或异物取出，然后用碘伏或者75%酒精（或其他消毒液）消毒，贴创可贴就可以了。对于相对大而深的伤口、出血较多的伤口，可用消毒过的透气纱布（绷带）包扎；在无消毒绷带或纱布的情况下，急救时可就地取材，用干净手帕、毛巾等包扎伤口，立即压迫止血，然后紧急就医。

3. 烫伤

对于烫伤，可立即用自来水冲洗受伤部位，冷却降温避免深度烫伤。轻微烫伤，可立即用自来水冲洗受伤部位，用酒精消毒、涂抹烫伤膏；若烫伤处有衣物遮盖，应立即脱去衣物或用剪刀剪除衣物。若烫伤严重或烫伤表面出现水泡，用酒精消毒，涂抹烫伤膏后，用干净纱布包扎，然后立即就医，做进一步处理。

4. 皮肤灼伤

除了高温以外，液氮、强酸（硫酸、盐酸、硝酸、氢氟酸、高氯酸、铬酸等）、强碱（氢氧化钠、氢氧化钾）、强氧化剂（过氧化物、重铬酸钾、高锰酸钾、氯酸盐、浓硫酸、氯气、硝酸、过氧化氢等）、溴、磷、钠、钾、苯酚、醋酸等物质都会灼伤皮肤，应注意不要直接让皮肤与之接触，尤其防止溅入眼中。

若不小心把酸溅到皮肤上，应先用干布擦去酸液，再用大量清水冲洗，然后再用3%~5%的碳酸氢钠中和；若不小心把碱溅到皮肤上，先用大量清水冲洗，然后再用3%~5%的硼酸溶液中和。情况严重时，按上述方法处理后立即就医。

5. 化学试剂溅入眼睛

若化学试剂溅入眼内，应立即用清水冲洗；如果只溅入单侧眼睛，冲洗时水流应避免流经未受损的眼睛。经过紧急处置后，马上到医院进行治疗。

6. 水灾

实验室发生漏水或浸水等，应第一时间关闭水阀。发生水灾或水管爆裂时，还应切断室内电源，转移可能受到影响的仪器设备，组织人员清除积水。如果仪器内部进水，应搬离现场，置于通风干燥处，报请专业维修人员处置。

7. 触电

实验室人员触电后，其他人员应立即切断电源，帮助触电者脱离电源接触，采用绝缘物（如木棒等）移去带电导线。未切断电源前切忌直接拖拽触电者，断开电源后迅速将触电者转移到安全通风的地方仰卧。若触电者停止呼吸和心跳，在保持触电者气道通顺的情况下，立即交替进行人工呼吸和胸外按压等急救措施；同时拨打"120"，尽快将触电者送往专业医院救治。

第2章
火灾与爆炸实验

2.1 燃烧热的测定

2.1.1 实验目的

燃烧热是热化学中重要的基本数据，也是物质重要的危险特性参数之一。燃烧热越大，火灾释放的热量越多，事故后果越严重。本实验的目的如下：

1）明确燃烧热的定义。

2）通过蔗糖燃烧热的测量，了解氧弹式量热计中主要部件的作用，掌握量热计的使用技术。

3）掌握高压钢瓶的有关知识并能正确使用。

4）通过学习燃烧热与物质危险特性的关系，提高学生对物质危险特性辨识能力，使学生具有科学的思维，培养及强化其未来作为安全工程师的职业素养。

5）通过实验结果的分析和讨论，培养学生的思辨能力以及分析问题、解决问题的能力。

2.1.2 实验原理与器材

1. 实验原理

燃烧热是指1mol物质完全燃烧时的热效应，是热化学中重要的基本数据。一般化学反应的热效应，往往因为反应太慢或反应不完全，因而难以直接测定。但是，通过盖斯定律可用燃烧热数据间接求算。因此，燃烧热广泛地用在各种热化学计算中。许多物质的燃烧热和反应热已经精确测定。测定燃烧热的氧弹式量热计是重要的热化学仪器，在热化学、生物化学以及某些工业部门中广泛应用。

燃烧热可在恒容或恒压情况下测定。由热力学第一定律可知，在不做非膨胀功情况下，恒容反应热 $Q_V = \Delta U$（内能的变化），恒压反应热 $Q_p = \Delta H$（焓变）。在氧弹式量热计中所测燃烧热为 Q_V，而一般热化学计算用的值为 Q_p，这两者可通过下式进行换算：

$$Q_p = Q_V + \Delta nRT \tag{2-1-1}$$

式中，Δn 为反应前后生成物与反应物中气体的摩尔数之差；R 为摩尔气体常数；T 为反应温度（K）。

在盛有定量水的容器中，放入内装有一定量样品和氧气的密闭氧弹，然后使样品完全燃烧，放出的热量通过氧弹传给水及仪器，引起温度升高。氧弹量热计的基本原理是能量守恒定律。测量介质在燃烧前后温度的变化值，则恒容燃烧热如下：

$$Q_V = W(t_{终} - t_{始}) \tag{2-1-2}$$

式中，W 为样品等物质燃烧放热，使水及仪器每升高 1℃ 所需的热量，称为水当量。

水当量的求法是用已知燃烧热的物质（如本实验用苯甲酸）放在量热计中燃烧，测定其始态温度 $t_{始}$、终态温度 $t_{终}$。一般来说，对于不同样品，只要每次的水量相同，水当量就是定值。

热化学实验常用的量热计有环境恒温式量热计和绝热式量热计两种。本实验使用环境恒温式量热计，其构造如图 2-1-1 所示。

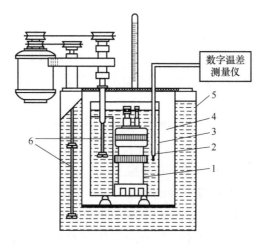

图 2-1-1 环境恒温式量热计

1—氧弹 2—温度传感器 3—内筒 4—空气隔层 5—外筒 6—搅拌器

由图 2-1-1 可知，环境恒温式量热计的最外层是储满水的外筒，当氧弹中的样品开始燃烧时，内筒与外筒之间有少许热交换，因此不能直接测出初始温度和最高温度，需要由温度-时间曲线（即雷诺曲线）进行确定，详细步骤如下。

如图 2-1-2 所示，将样品燃烧前后历次观察的水温对时间作图，连成 FHIDG 折线，图中 H 点相当于开始燃烧之点，D 点为观察到的最高温度读数点，作相当于环境温度的平行线 JI，交折线于 I 点，过 I 点作 ab 垂线，然后将 FH 线段和 GD 线段延长，交于 ab 线上的 A、C 两点，AC 线段所代表的温度差即为所求的由于样品燃烧致使量热计温度升高的数值 ΔT。图中 AA' 为开始燃烧到温度上升至环境温度这一段时间 Δt_1 内，由环境辐射进来和搅拌引进的能量而造成体系温度的升高值，故必须扣除；CC' 为温度由环境温度升高到最高点 D 这一段时间 Δt_2 内，体系向环境辐射出能量而造成体系温度的降低值，因此需要添加上。由此可见 A、C 两点的温差是较客观地表示了由于样品燃烧致使量热计温度升高的数值。

有时量热计的绝热情况良好，漏热少，而搅拌器功率大，不断微量引进能量，使得燃烧后的最高点不出现（图 2-1-3）。这种情况下，ΔT 仍然可以按照同样方法校正。

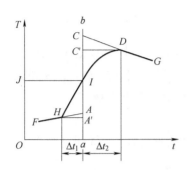

图 2-1-2　绝热较差时的雷诺校正图

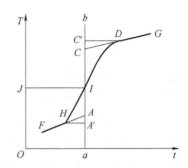

图 2-1-3　绝热良好时的雷诺校正图

2. 实验器材

氧弹式量热计 1 套、氧气钢瓶（带氧气表）1 个、电子台秤 1 只（0.01g）、电子天平（0.0001g）（又称"万分之一天平"）1 台、苯甲酸（A.R.）、蔗糖（A.R.）、燃烧丝、万用表、压片机、称量纸。

2.1.3　实验步骤

1. 仪器预热

将量热计及其全部附件清理干净，将有关仪器通电预热。

2. 样品压片

取约 16cm 长的燃烧丝绕成小线圈，放在称量纸中用电子天平称重。在电子台秤上粗称 0.7~0.8g 苯甲酸，把燃烧丝放在苯甲酸中，在压片机中压成片状（不能压得太紧，太紧会压断燃烧丝或点火后不能燃烧）。将压好的样品放在称量纸中称量。

3. 氧弹充氧

将氧弹的弹头放在弹头架上，把燃烧丝的两端分别紧绕在氧弹头上的两个电极上；用万用表测量两个电极间的电阻值（两个电极与燃烧杯不能相碰或短路）。把弹头放在弹杯中，用手将其拧紧，再用万用表检查两个电极之间的电阻，当变化不大时，充入氧气。

使用高压钢瓶时必须严格遵守操作规则，违规操作可能会造成危险。充氧时，一定将减压阀调至 15 个标准大气压（15 个标准大气压约为 1.5MPa）。开始先充约 0.5MPa 氧气，然后开启出口，借以赶出氧弹中的空气；再充入 1.5MPa 氧气。充好氧气后，再用万用表检查两个电极间的电阻，变化不大时，将氧弹放入内桶。

4. 调节水温

将 ZT-2TC 精密温度温差测量仪探头放入外筒水中，测量环境温度。

准备 2500mL 以上自来水，将温差测量仪探头放入水中，调节水温至约低于外筒水温 1℃。用容量瓶量取一定体积（视内筒容积而定）已调温的水注入内筒，水面盖过氧弹（两个电极应保持干燥；若有气泡逸出，说明氧弹漏气，需查找原因），将插头在两电极上插紧，盖上盖子。

将温度温差测量仪探头插入内筒水中（拔出探头前，记下外筒内的水温读数；探头不可碰到氧弹）。

5. 测定水当量

打开搅拌器，待温度稳定后（2~3min）开始记录温度，每隔30s记录一次，直到连续五次水温有规律、微小的变化。开启"点火"按钮，当温度明显升高时，说明点火成功。继续每30s记录一次，到温度升至最高点后，再记录10次，停止实验。

停止搅拌，取出氧弹，放出余气（注意：不能直接打开，一定要用放气阀放气）。打开氧弹盖，若氧弹中无灰烬，表示燃烧完全；若留有许多黑色残渣，表示燃烧不完全，实验失败。将剩余燃烧丝称重，待处理数据时使用。

用水冲洗氧弹及燃烧杯，倒去内桶中的水，把物件用纸擦干，待用。

6. 重复

称取 1.2~1.3g 蔗糖代替苯甲酸，重复上述实验。

2.1.4 实验结果及报告要求

1）将实验条件和原始数据列表记录。

2）由实验数据求出苯甲酸实验前后的温度 $t_{始}$ 和 $t_{终}$。

3）由苯甲酸数据求出水当量 W。已知苯甲酸在温度为 298K 的燃烧热 $Q_p = -3226.8kJ/mol$，由公式 $Q_p = Q_V + \Delta n\, RT$ 计算 Q_V。

$$W(t_{终} - t_{始}) = Q_{样品}(m/M) + Q_{燃烧丝}m_{燃烧丝} \tag{2-1-3}$$

已知，$Q_{铜丝} = -6695J \cdot g^{-1}$；$Q_{镍铬} = -1400.8J \cdot g^{-1}$。

4）根据式（2-1-3）和式（2-1-4），求出蔗糖的恒压燃烧热 Q_p。

$$Q_{样品} = (M/m)\left[W(t_{终} - t_{始}) - Q_{燃烧丝}m_{燃烧丝} \right] \tag{2-1-4}$$

5）根据实验结果对比蔗糖燃烧热与苯甲酸燃烧热的热值大小，分析燃烧热与物质危险特性的关系。

2.1.5 注意事项

1）内筒中加一定体积的水后若有气泡逸出，说明氧弹漏气，设法排除。

2）搅拌时不得有摩擦声。

3）燃烧样品蔗糖时，内筒水要更换，且需重新调温。

4）氧气瓶在开总阀前要检查减压阀是否关好；实验结束后要关上钢瓶总阀，注意排净余气，使指针回零。

2.1.6 思考题

1）本实验中，哪些为体系？哪些为环境？实验过程中有无热损耗？如何降低热损耗？

2）在环境恒温式量热计中，为什么内筒水温要比外筒水温低？低多少合适？

3）实验中，哪些因素容易造成误差？如果要提高实验准确度，应从哪几个方面考虑？

2.2 物质自燃特性参数测定

2.2.1 实验目的

物质自燃特性参数是固体物质发生自燃的重要特性参数，是固体可燃物能否自燃的判据。通过自燃参数可以推定物质的存放条件。本实验的目的如下：

1）理解物质自燃参数在安全上的作用。

2）理解弗兰克-卡门涅茨基（F-K）自燃模型中有关参数的物理意义。

3）掌握实验测定自燃氧化反应活化能的方法。

4）利用 F-K 模型和实验测得的有关参数，判断在环境条件下固体可燃物发生自燃的临界尺寸，即利用小型实验结果推测大量堆积固体发生自燃的条件。

5）通过观察实验过程，使学生理解量变到质变的哲学思想。

2.2.2 实验原理与器材

1. 实验原理

热自燃理论认为，着火是体系放热因素与散热因素相互作用的结果。如果体系放热因素占优势，就会出现热量积累，温度升高，反应加速，发生自燃；相反，如果散热因素占优势，体系温度下降，不能自燃。对于毕渥数 Bi 较小的体系，可以假设体系内部各点的温度相同，自燃着火现象可以用谢苗诺夫自燃理论来解释。但对于毕渥数 Bi 较大的体系（$Bi>10$），体系内部各点温度相差较大，必须用弗兰克-卡门涅茨基自燃理论来解释。该理论以体系最终是否能得到稳态温度分布作为自燃着火的判断准则，提出了热自燃的稳态分析方法。

可燃物质在堆放情况下，空气中的氧将与之发生缓慢的氧化反应，反应放出的热量一方面使物体内部温度升高，另一方面通过堆积体边界向环境散失。如果体系不具备自燃条件，则从物质堆积时开始，内部温度逐渐升高。经过一段时间后，物质内部温度分布趋于稳定，这时化学反应放出的热量与边界传热向外流失的热量相等。如果体系具备了自燃条件，则从物质堆积开始，经过一段时间后，体系着火。很显然，在后一种情况下，体系自燃之前，物质内部温度分布不均。因此，体系能否获得稳态温度分布就成为判断物质体系能否自燃的依据。

理论分析发现，物质内部的稳态温度分布取决于物体的形状和 δ 值的大小。这里，δ 表征物体内部化学放热和通过边界向外传热的相对大小。当物体的形状确定后，其稳态温度分布则仅取决于 δ 值。当 δ 大于自燃临界准则参数 δ_{cr} 时，物体内部将无法维持稳态温度分布，体系可能会发生自燃现象。这里，δ_{cr} 是把化学反应生成热量的速率和热传导带走热量的速率联系在一起的无因次特征值，代表临界着火条件。

根据弗兰克-卡门涅茨基自燃理论，有：

$$\delta_{cr}=\frac{x_{oc}^2 E\Delta H_c K_n C_{AO}^n}{KRT_{a,cr}^2}\exp\left(-\frac{E}{RT_{a,cr}}\right) \tag{2-2-1}$$

式中，x_{oc} 为体系的临界尺寸，它对于球体、圆柱体为半径，对于平板为厚度的一半，对于立方体为边长的一半；E 为反应活化能；ΔH_c 为摩尔燃烧热；K_n 为燃烧反应速度方程中的指前因子；C_{AO} 为反应物浓度；K 为导热系数；R 为气体常数；$T_{a,cr}$ 为临界环境温度，即临界状态下的环境温度。

对具有简单几何外形的物质，δ_{cr} 经过数学方法求解，得出各自的临界自燃准则参数 δ_{cr}：无限大平板，$\delta_{cr} = 0.88$；无限长圆柱体，$\delta_{cr} = 2$；球体，$\delta_{cr} = 3.32$；立方体，$\delta_{cr} = 2.52$。

将式（2-2-1）进行整理，并两边取对数，得：

$$\ln\left(\frac{\delta_{cr} T_{a,cr}^2}{x_{oc}^2}\right) = \ln\left(\frac{E \Delta H_c K_n C_{AO}^n}{KR}\right) - \frac{E}{R T_{a,cr}} \tag{2-2-2}$$

式中，n 为反应级数。

此式表明，对特定的物质，等式右边第一项 $\ln\left(\dfrac{E \Delta H_c K_n C_{AO}^n}{KR}\right)$ 为常数，那么左边一项 $\ln\left(\dfrac{\delta_{cr} T_{a,cr}^2}{x_{oc}^2}\right)$ 与 $\dfrac{1}{T_{a,cr}}$ 是线性关系。对于给定几何形状的材料，$T_{a,cr}$ 和 x_{oc}（即试样特征尺寸）之间的关系可通过实验确定。一旦确定了各种尺寸立方体的 $T_{a,cr}$ 值，代入 δ_{cr}，便可以由 $\ln\left(\dfrac{\delta_{cr} T_{a,cr}^2}{x_{oc}^2}\right)$ 对 $\dfrac{1}{T_{a,cr}}$ 作图，可得一直线，该直线的斜率 $K = -\dfrac{E}{R}$，由此可以求出材料的活化能 $E = -KR$。弗兰克-卡门涅茨基自燃模型的近似性很好，若是外推不太大，它可以用来初步预测实验温度范围以外的自燃行为。所以，利用外推法得到截距后，可以判定环境温度下（20℃）发生自燃的临界尺寸。

2. 实验器材

电热鼓风干燥箱（图 2-2-1），自发放热物质检测系统软件，热电偶（2m，测温精度 ± 0.5℃）2 支，边长为 3、4、5、6cm 的立方体丝网各 1 个，活性炭粉末（粒径较细并均匀）。

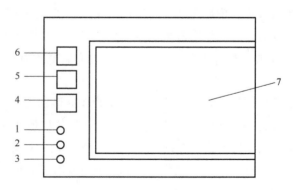

图 2-2-1　电热鼓风干燥箱示意图

1—干燥器开关　2—最高温度设定按钮　3—鼓风机开关　4—环境温度指示盘

5—温度测试指示盘一　6—温度测试指示盘二　7—外壳

2.2.3　实验步骤

1. 装试样

将活性炭粉末装入不同的丝网立方体内（注意一定要装满装平），然后将立方体丝网平放入电热鼓风干燥箱的中心位置。2 支 K 型热电偶，一支检测试样中心温度，保证其探头插入试样中心，为避免振动而引起热电偶移动，用细铁丝将其紧固在托盘上；另一支热电偶测定炉温，放置在立方体一侧，要求尽量接近立方体，但又不能与其接触，同样用细铁丝将其紧固在托盘上，关闭玻璃门与干燥箱大门。

2. 设定自发放热物质检测系统的参数

设置采样间隔为 3min，保存环境温度、体系温度，环境温度与体系温度的差值以及相邻时间的体系温度差值。

3. 设定干燥箱的工作温度

开启电热鼓风干燥箱的电源开关，同时打开辅助加热开关，根据预测的自燃温度，设定出高于自燃温度一定度数的干燥箱工作温度，应注意所设温度不得高于干燥箱允许的最高工作温度（一般为 300℃，温度设定方法见下文说明），将超温报警温度设定为 305℃，仪器开始加热升温。

4. 数据记录

实验时不能随意打开控温炉。注意观察试样中心温度的变化规律，从软件上的温度-时间曲线判断试样是否发生了自燃。记录数据，到体系温度超过环境温度时为止。注意观察，自燃的发生是一个从量变到质变的过程。

5. 实验结束

实验结束后，关闭干燥箱的辅助加热开关，将干燥箱工作温度设定到室温（20℃），打开箱体大门与玻璃门，让鼓风系统继续工作，直到工作室温度降低到室温附近时，再关闭电源开关。将立方体丝网取出，倒掉试样（注意试样过热时不要倒在塑料容器中），清理干燥箱内部。同一尺寸试样测得若干个温度后，取其中发生自燃的最低温度为最低超临界自燃温度，用 T_{super} 来表示；取其中不发生自燃的最高温度为亚临界自燃温度，用 T_{sub} 来表示。则该尺寸试样的自燃温度定义式如下：

$$T_{a,cr} = \frac{1}{2}(T_{super} + T_{sub}) \tag{2-2-3}$$

改变试样尺寸，可重复上述步骤，得到对应的 $T_{a,cr}$。每一个实验小组可只测定 1 个尺寸试样的自燃温度，最后收集其他组的实验结果，以便处理实验数据。

2.2.4　实验结果及报告要求

1. 实验数据记录

将观测到的实验数据填入表 2-2-1 和表 2-2-2。

表 2-2-1　$x_{oc}=$_____ cm 时的实验结果

时间/min	0	3	6	9	12	15	18	21	24	⋯
$T_{环境}$/℃										
$T_{体系}$/℃										
$T_{环境}-T_{体系}$/℃										
$\Delta T_{体系}$/℃										

表2-2-2　不同特征尺寸下的临界着火温度

特征尺寸/cm	1.5	2	2.5	3	⋯
临界着火温度/K					

2. 实验结果处理

（1）作图

已知立方体的自燃临界准则参数 δ_{cr} 为 2.52，以 $\dfrac{1}{T_{a,cr}}$ 为横坐标，$\ln\left(\dfrac{\delta_{cr}T_{a,cr}^2}{x_{oc}^2}\right)$ 为纵坐标，在直角坐标系中作图，经线性回归可得到一条直线。

（2）计算活化能 E

上述直线的斜率为 K'，且有 $K'=-\dfrac{E}{R}$，则 $E=-K'R=-8.314K'$，代入直线的斜率，即可求出该物质自燃氧化反应的活化能值。

（3）根据 F-K 模型，判定室温（20℃）下体系发生自燃的临界尺寸

将作图并经线性回归后得到的直线延长至室温，可查得对应于 $T=(273+20)\mathrm{K}=293\mathrm{K}$（即横坐标 $\dfrac{1}{T_{a,cr}}=\dfrac{1}{293\mathrm{K}}=3.41\times10^{-3}\mathrm{K}^{-1}$）时的纵坐标值，即为对应的 $\ln\left(\dfrac{\delta_{cr}T_{a,cr}^2}{x_{oc}^2}\right)$ 值，代入 $\delta_{cr}=2.52$ 和 $T_{a,cr}=293\mathrm{K}$ 计算，可求得室温下体系发生自燃的临界尺寸 x_{oc} 的值。而为了防止自燃，以立方体堆积的活性炭的边长不能大于 $2x_{oc}$。

2.2.5　注意事项

1）热电偶的位置影响测量结果，其中一个置于立方体的中心，另一个置于立方体一侧。

2）注意观察温度的变化，确定实验终点。

2.2.6　思考题

1）为什么说具有自燃特性的固体可燃物的临界自燃温度不是特性参数？

2）测定自燃氧化反应活化能时，为什么要强调控温炉内强制对流的传热条件？

3）测定临界自燃温度 $T_{a,cr}$ 时，为什么要取为超临界自燃温度的最低值和亚临界自燃温度的最高值的平均值？可否直接测定 $T_{a,cr}$？

4）根据 F-K 理论，将小型实验结果应用于大量堆积固体时，如何保证结论的可靠性？如何应用实验结果预防堆积固体自燃或认定自燃火灾原因？

2.3 物质闪点和燃点的测定

2.3.1 实验目的

闪点是液体可燃物火灾危险性的重要指标，达到闪点温度是液体可燃物着火前的险兆。按照闪点的高低，可以确定运送、储存和使用可燃液体时的防火安全措施。本实验的目的如下：

1）在掌握物质闪点、燃点基本含义的基础上，理解闪点和燃点测定（克利夫兰开口杯法）的实验原理。

2）掌握闪点、燃点测定的操作步骤。

3）通过测定润滑油和重质油类的闪点和燃点，进而明确油品的蒸发性及燃烧性，以供使用、储存、运输参考及避免意外发生。

4）通过理解物质的闪点与燃点在危险化学品安全管理上的作用，训练学生的科学思维能力，提升其未来作为安全工程师的职业素养。

5）通过观察闪燃和燃烧实验过程，使学生理解量变到质变的哲学思想。

2.3.2 实验原理与器材

1. 实验原理

闪点是表征石油产品火灾危险性的安全指标。因为闪点是出现火灾危险的最低温度，闪点越低，燃料越易燃，火灾危险性也越大。按照闪点的高低，可以确定运送、储存和使用燃料时的防火安全措施。

石油产品闪点测定法分成闭口法和开口法。闭口闪点是用闭口法测得的；开口闪点是用开口法测得的。通常蒸发性较大的轻质油品多用闭口法测定。因为用开口法测定时，油品受热后形成的蒸汽不断向周围空气扩散，使测得的闪点偏高。对于多数润滑油和重质油，尤其是在非密闭的机件或较低温度条件下使用时，即使有极少量轻质掺合物，在使用过程中也会蒸发掉，不至于构成着火或爆炸的危险，所以它们都采用开口法测定。

燃点是表征石油产品火灾爆炸危险性的重要指标。燃点又叫着火点，是指可燃性液体表面上的蒸气和空气的混合物与火接触而产生火焰，且能继续燃烧不少于 5s 时的温度。燃点可在测定闪点后继续在同一标准仪器中测定。

由此可见，根据闪点和燃点可以制定运送、储存和使用燃料时的防火安全措施。要充分理解这两个参数在液体危险化学品安全管理上的作用，夯实安全工程师的专业基础。

2. 实验器材

闪点和燃点试验器 SYP1001-Ⅲ（图 2-3-1）、润滑油、针筒、量杯等。

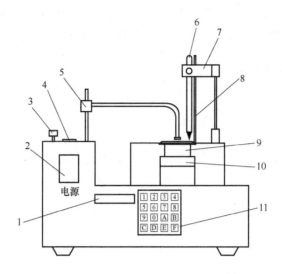

图 2-3-1　闪点和燃点试验器 SYP1001-Ⅲ

1—显示器　2—电源开关　3—燃气调节阀　4—捕捉按钮　5—点火器　6—温度计
7—温度计架　8—温度传感器　9—克利夫兰油杯　10—电炉　11—键盘

2.3.3　实验步骤

实验步骤分为仪器的自测试及调校和油样测试二部分。

1. 仪器的自测试及调校

（1）检查

检查所用仪器、设备的连接完好性。

（2）仪器的自测试及调校

1）打开仪器电源开关，使仪器通电，此时显示"SYP——"。

2）在键盘上按<E>键，仪器进入自测试及调校状态，此时显示器自动显示"1111"~"7777"的数字，然后显示当前温度数。

3）在键盘上按<A>键后打开电炉加热，此时可观察电炉是否发热，若是，说明加热系统完好；若不发热，则有故障，须排除。

4）在键盘上按<B>键则关闭电炉。

5）在键盘上按<D>键则点火杆转动，此时观察点火杆回扫角度是否正确，若不正确，可调整点火杆位置，再按<D>键则点火杆再回扫二次，直到位置正确。

6）显示温度与玻璃温度计的对比调整。

① 油杯加入油到刻度线后，放在电炉上，然后将玻璃温度计及温度传感器放入油杯内。

② 在键盘上按<A>键，电炉开始加热，油温开始升高，此时进行玻璃温度计与显示器的温度读数对比，调节温度传感器的上下位置，当显示温度与玻璃温度计的读数一致时，按<B>键，关闭加热器，固定好玻璃温度计与温度传感器的相对位。

③ 以上①、②步骤操作完毕即自测试及调试结束，如果仪器正常，就可以用该仪器进

行油样测试。

2. 油样测试

1）将试样油倒入克利夫兰油杯，液面至刻度线，把油杯放在电炉上，调节好点火装置，将玻璃温度计、温度传感器放入油杯内，调节好火焰的大小，做好一切准备工作；将温度计放在垂直位置，使其球底距离实验杯底 6mm，并位于实验杯中心与边之间的中心点和测试火焰扫过的弧（或线）相垂直的直径上，并在点火器的对边（注：温度计的正确位置应使温度计上的浸入刻线位于实验杯边缘以下 2mm 处）。

2）打开仪器电源开关使仪器通电，此时显示器显示"SYP——"。

3）在键盘上按<A>键，此时可输入样品油的预期闪点或预期燃点温度，在键盘上输入"××××"4 位数（4 个键，3 位整数、1 位小数），再按<A>键，表示输入样品油的预期闪点或预期燃点温度被认可。

如果输入的预期闪点或预期燃点温度超出范围（70~400℃），显示器显示"E…"（出错显示），此时再按<A>键，重新输入预期闪点和预期燃点温度。

4）在键盘上按<C>键，仪器开始自动控温及自动点火（调节火焰直径到 4mm 左右），如果自启动失败，请按<F>键，再按<A>键重新预置温度，再按<C>键启动。在预期闪点或预期燃点温度前 56℃时，加热速度控制在 14~17℃/min 范围内，到预期闪点或预期燃点温度前 28℃时，加热速度控制在 5~60℃/min 范围内，同时温度每升高 2℃，点火装置自动划过杯面点火一次。这时要观察油杯面是否出现闪燃或燃烧；当出现闪燃时，立刻按仪器面板上的<捕捉>键，此时显示被锁定，如要保存样品油的闪点温度，可按键盘上的<B>键，此时闪点温度被保存，如要继续测试燃点温度，只要再按下<捕捉>键，显示锁定被解除，显示器继续显示当前温度，当出现燃烧时，按下<捕捉>键，仪器自动计时 5s，到时发出报警声，此时如样品还在燃烧，可按键盘上的<B>键确认燃点温度；若是不到 5s 样品油就熄火，要再次按下<捕捉>键继续观察至油样持续着火。测试结束后，可连续按<D>键，显示器显示被保存的闪点及燃点的温度。

如要再做样品油测试，可在键盘上按键<F>后重复上述步骤 1）~3）操作。

通过观察蒸发过程，充分理解液体蒸发及燃烧之间关系。通过"闪燃"及"燃烧"现象的观察，体会量变到质变的过程，并能够分析闪点与燃点在危险化学品安全管理上的作用。

2.3.4 实验结果及报告要求

记录样品的闪点及燃点。

2.3.5 注意事项

1）如果设定的预期闪点温度超过测量范围，将会报警，测试系统不接受测试。

2）当超过预期闪点或预期燃点温度仍没有出现闪点或燃点时，操作人员可以按<F>键，结束本次测试；否则超过预期闪点温度 20℃时，仪器将会自动结束本次测试。

3）当样品油温度超过 402℃时，仪器将会自动结束本次测试。

4）为清楚地观察闪燃现象，实验时尽可能选择避风和光线较暗的地方。当升温至接近预期闪点 17℃时，要特别注意避免由于操作人员操作漫不经心或在杯旁呼吸而搅动实验杯中的蒸气，影响测定结果。

5）电源通电加热电炉时，注意电器元器件的安全防护。

6）必须严格按照实验设备的操作步骤工作。

7）同一操作者用同一台仪器重复测定两次，实验结果之差不应超过 8℃。

8）取 2 次实验结果的平均值作为闪点和燃点。

9）必须在专业人员指导下进行操作及相关实验。

10）大气压力修正：实验时，若大气压力低于 9.53×10^4 Pa 或 715mmHg（1mmHg = 133.32Pa）时，实验所得的闪点应加上表 2-3-1 中的修正值作为实验闪点。

表 2-3-1　不同大气压力下闪点修正值

大气压力		闪点修正值/℃
/10^4Pa	/mmHg	
9.53~8.87	715~665	2
8.86~8.13	664~610	4
8.12~7.33	609~550	6

注：不要把有时在实验火焰周围产生的浅蓝色光环与真正的闪燃相混淆。

2.3.6　思考题

分别描述上述实验步骤中观察到的现象并解释其原因，并思考产生误差的原因。

2.4 | 热重分析实验

2.4.1　实验目的

热重分析法是利用物质温度和重量之间的关系来研究物质的热变化过程。本实验的目的如下：

1）了解热重分析的基本原理及热重分析装置的使用方法。

2）学习使用热重分析方法并能测量物质的质量变化与温度变化的关系。

3）掌握升温速率、失重速率的概念，绘制热重曲线（TG 曲线），并进行一次微分计算，获得并解读热重微分曲线（DTG 曲线）。

2.4.2　实验原理与器材

1. 实验原理

热重（TG）分析法是在程序控制温度下，测量物质质量与温度关系，从而研究物质的热变化过程的一种方法。许多物质在加热过程中在某温度发生分解、脱水、氧化、还原、熔化和升华等物理化学变化而出现质量变化，发生质量变化的温度及质量变化百分数随着物质的结构及组成而异，因而可利用物质的热重曲线来研究物质的热变化过程，如试样的组成、热稳定性、热分解温度和热分解产物等。利用此方法进行实验可了解物质的危险性能，因此，热重分析法广泛地应用在安全科学的许多领域中，发挥着重要的作用。

热重分析法通常可分为两类：动态（升温）法和静态（恒温）法。

静态法又分为等压质量变化测定和等温质量变化测定两种。等压质量变化测定是在程序控制温度下，测量物质在恒定挥发物分压下平衡质量与温度关系的一种方法。该法利用试样分解的挥发产物所形成的气体作为气氛，并控制在恒定的大气压下测量质量随温度的变化，其特点就是可减少热分解过程中氧化过程的干扰。等温质量变化测定是指在恒温条件下测量物质质量与温度关系的一种方法。该法每隔一定温度间隔，将物质在恒定温度下加热至重量不再变化，记录恒温恒重关系曲线。该法准确度高，能记录微小失重，但比较费时。

动态法又称非等温恒重法，分为热重分析（TG）和微商热重分析（DTG）。热重和微商热重分析都是在程序升温的情况下，测定物质质量变化与温度的关系，DTG 是记录热重曲线对温度或时间的一阶导数的一种技术。动态法简便实用，因此广泛应用在热分析技术中。典型热重分析仪的结构如图 2-4-1 所示。

物质损失的重量通过热天平称量，热天平与常规分析天平一样，都是称量仪器，但其结构特殊，使其与一般天平在称量功能上有显著差别。它能自动、连续地进行动态称量与记录，并能在称量过程中按一定的温度程序改变试样的温度，而且试样周围的气氛也是可以控制和调节的。热重分析得到的是程序控制温度下物质质量与温度关系的曲线，即热重曲线。热重曲线以质量为纵坐标，从上向下表示质量减少；以温度（或时间）为横坐标，从左至右表示温度（或时间）增加。典型的热重曲线如图 2-4-2 所示。

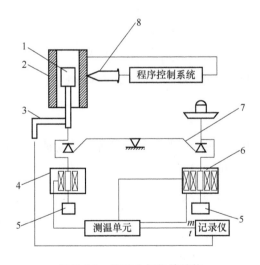

图 2-4-1　热重分析仪的结构

1—试样支持器　2—炉子　3—测温热电偶　4—传感器　5—平衡锤
6—阻尼和天平复位器　7—天平　8—阻尼信号

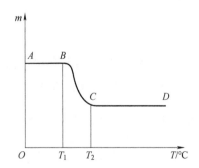

图 2-4-2　典型的热重曲线

2. 实验器材

TGA-Q500 热重分析仪 1 台、草酸钙试剂若干。

2.4.3 实验步骤

1. 试样坩埚去皮重

必须在试样装入之前去皮重以确保天平可产生精确的读数。

将空的试样坩埚放在平台上并从"TGA 控制菜单"触摸屏或辅助键盘选择"去皮重"，或从仪器控制软件中选择"控制/去皮重"。坩埚自动装入，TGA 热重仪的炉子升高以进行测量。当去皮重过程完成后，炉子自动降低并卸载坩埚。

2. 加载试样

按如下方法将试样加载到 TGA 热重仪的炉子中：

1）将试样放在试样坩埚中，然后将坩埚放置在试样平台上。

试样坩埚底部的线应该与坩埚孔中的凹槽对齐，以使试样悬挂线吊起试样。注意：操作中要始终使用黄铜镊子来夹持试样坩埚。

2）触摸控制菜单触摸屏或辅助键盘上的加载键。TGA 自动将试样坩埚加载到天平上。

3）将热电偶定位在试样坩埚的边缘而不是中间以获得最佳效果。注意：热电偶应该距离试样约 2mm。

4）触摸控制菜单触摸屏或辅助键盘上的<FURNACE>键，以将炉子围绕试样向上移动将样品封闭在炉中。

3. 开始实验

在开始实验之前，请确保已连接好 TGA 及控制器，且已经通过仪器控制软件输入了所有必要的信息。注意：一旦开始实验，最好使用计算机的键盘进行操作。TGA 对运动非常敏感，能够获取到由于触摸仪器触摸屏上的键而引起的振动。

触摸仪器触摸屏或辅助键盘上的<START>键，或选择仪器控制软件上的"开始"命令来开始实验。当启动仪器时，系统自动加载试样坩埚并关闭炉子（如果需要），然后运行实验直到完成。

4. 停止实验

如果由于某种原因需要终止实验，可以通过按下控制菜单触摸屏或辅助键盘上的<STOP>键或通过仪器控制软件选择"停止"命令来停止实验。

2.4.4 实验结果及报告要求

1）分组练习设备的操作，并记录分析实际曲线图。

2）给出试样测试数据，将分析结果写入实验报告。

2.4.5 注意事项

1）样品量不宜过多。

2）热电偶应该距离样品约 2mm。

2.4.6　思考题

1）热重分析法的基本原理是什么？
2）影响热重分析结果的主要因素有哪些？
3）热重分析在安全工程领域中有哪些应用？

2.5 | 粉尘爆炸特性参数测试实验

2.5.1　实验目的

粉尘爆炸条件较为复杂，粉尘最大爆炸压力、最大爆炸压力上升速率以及粉尘爆炸指数是衡量粉尘爆炸威力的重要指标。通过添加抑制剂可以控制粉尘爆炸的强度。本实验的目的如下：

1）熟悉 20L 球形爆炸装置的结构及使用方法。
2）掌握激光粒度分布仪的干法测定法。
3）掌握粉尘爆炸参数测定的方法和步骤。
4）分析抑制剂的抑制效果。

2.5.2　实验原理与器材

1. 实验原理

粉尘爆炸定义为：粉尘爆炸是指火焰在粉尘中传播，引起压力、温度明显跃升的现象。由于粉尘爆炸反应的复杂性，研究过程涉及众多方面的知识，包括物质燃烧过程及机理、物质所处环境状态、粉尘自身参数特性及爆炸性参数测试标准等。粉尘爆炸需满足 5 个条件：氧化剂、点火源、可燃粉尘、悬浮状态、密闭空间，这 5 个爆炸要素可用五边形表示，此即为爆炸五边形。

1）氧化剂。化学爆炸发生前必然会有燃烧反应，氧化剂是燃烧的必要因素，也是爆炸的必要因素。粉尘爆炸反应中绝大部分的氧化剂为氧气，火炸药或含能材料自身受热分解时可释放氧气，或含有其余物质作为氧化剂而不需要氧气的参与。

2）点火源。工业生产、搬运、装卸过程中存在着诸多引起火灾和爆炸的点火源，例如常见的点火源有明火、高温物体热表面、各类火花（静电火花、摩擦火花、撞击火花等）、物质聚集发生自燃、生产装置供电线路或用电设备故障、超负荷运行而发生短路等。粉尘在分散状态下几乎能够被 mJ 级静电火花点燃，因此生产过程中任何异常温度都有可能成为点火源。

3）可燃粉尘。粉尘可燃是发生粉尘爆炸的必要因素，除此之外，还需达到一定浓度。根据生产性粉尘的性质，粉尘可分为三类：无机粉尘、有机粉尘及混合粉尘。常见的可燃粉尘如金属粉尘（镁粉、铝粉等）、煤粉、粮食粉尘、饲料粉尘、木粉及大多数含 C、H 元素的或与空气中氧反应能放热的有机合成材料粉尘。

4）悬浮状态。粉尘的悬浮状态即粉尘分散于容器中形成粉尘云，粉尘云更有利于反应热量的传播，粉尘与氧气的混合也更为均匀，反应更高效。当粉尘未分散形成粉尘云或处于堆积状态时，氧气与粉尘接触面积小，反应热量从粉尘层表面向内部传播效率差，不利于反应的持续进行。

5）密闭空间。发生爆炸的重要标志是短时间内产生极高的压力，当粉尘处于敞开空间时，反应产生的压力会迅速释放，无法形成压力积累，只有粉尘处于密闭或有限空间时，粉尘从获得能量发生燃烧开始，初始产生的能量及压力在有限空间内不断聚集，进一步加速反应，最终从燃烧反应向爆炸反应转变。

目前被广泛认可的理论主要包括气相点火机理与表面非均相点火机理引发粉尘爆炸两种。气相点火机理引发粉尘爆炸的过程如下：

1）悬浮于空间中的粉尘从外界获得能量，使自身温度升高，携带能量增加。

2）当粉尘颗粒获得的能量致使温度上升超过一定值后，粒子表面在高能量、高热量的作用下发生分解，从而产生气体，粉尘颗粒产生的气体迅速充满整个有限空间。

3）粉尘分解产生的气体与外界氧气混合，当粉尘分解产生的气体与其周围空间混合达到自身爆炸浓度时，形成具有一定潜在爆炸性的混合气体，混合气在达到一定爆炸条件（点头源）时发生爆炸。

4）混合气发生爆炸，使系统内温度、压力升高的同时产生火焰，系统能量会因此快速向周围传播，急剧增加的压力又会加剧能量传递，如此反复，使系统内的反应逐渐加快，能量、压力累积速度逐渐增加，直至最终发生粉尘爆炸。

表面非均相点火机理可简述为以下几步：

1）分散于空间中的粉尘颗粒被氧气包围，在具备燃烧条件时粉尘表面会先行发生燃烧。

2）粉尘颗粒着火会使其温度上升、挥发分增加，大量增加的挥发分由于扩散，不及会聚集在颗粒表面，起到气相保护作用，使得空气无法与颗粒表面接触。

3）随着反应的进行，系统中产生的挥发分增加，挥发分与氧气混合，达到一定浓度时，形成可爆混合气。在点火源的作用下，可爆混合气发生燃烧，粉尘颗粒周围的气相层燃烧后，氧气与颗粒表面的接触得以恢复，颗粒重新燃烧。

在短时间内，上述过程连续、多次发生，使得有限空间内温度、压力迅速积累，直到爆炸的产生。

从上述两种点火机理可以看出，虽然粉尘初始着火机理有所不同，但最终发展为爆炸都得益于其中挥发分的产生，因此粉尘爆炸也可归结为气相爆炸。

本实验所使用装置为20L球形爆炸装置，设备主体由精密配气系统、测试系统和无线监控系统组成（图2-5-1）。

20L球形爆炸装置的实验原理是压缩空气，将可燃粉尘分散在20L球形爆炸装置内，采用化学药品点燃粉尘云，通过与测试主体连接的无线传输模块及与计算机压力曲线，读取最大爆炸压力及其上升速率。

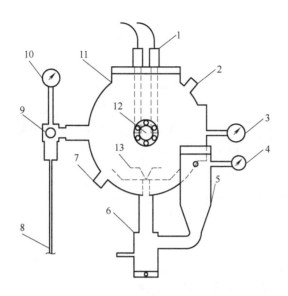

图 2-5-1 20L 球形爆炸装置

1—点火电极 2—循环水出口 3—主压力传感器 4—粉尘仓压力传感器 5—粉尘仓
6—气动阀 7—循环水进口 8—抽真空管路 9—排气口 10—配气压力传感器
11—爆炸容器 12—视窗 13—回弹喷嘴

2. 实验器材

BT-9300LD 激光粒度分布仪 1 台、20L 球形爆炸装置 1 台、电子天平（0.0001g）1 台、滤纸若干、小麦淀粉若干、0.48g 的化学点火头（锆粉、硝酸钡、过氧化钡，按照 4：3：3 组成）、抑制剂若干。

2.5.3 实验步骤

1）实验前首先保证设备各部分连接良好。

2）使用激光粒度分布仪测定小麦淀粉的粒径分布，称取定量小麦淀粉并倒入粉尘仓，将粉尘仓仓盖旋紧。

3）将配制好的化学点火头正确安装在点火电极座上，完成后将点火电极座盖严、拧紧。

4）关闭手动泄压阀，打开压缩空气瓶主阀门，调节减压器，使输出压力大于 2.1MPa。

5）上述 4 步完成后，设备端准备工作已完成，接下来即为微机端参数配置工作。参数设置包括实验压力、容器真空度、数据采集时间、点火延迟时间、电弧维持时间、粉尘仓压力、粉尘仓关闭时间等。其中，电弧维持时间选取 300ms，数据采集时间选取 3s，粉尘仓延迟关闭时间选取 300ms，实验真空度设为 40kPa、粉尘仓压力设为 2.1MPa。

6）在微机端读取粉尘爆炸压力-时间曲线，处理实验数据。

7）佩戴一次性口罩、手套，清理实验装置。

8）添加小麦淀粉抑制剂，重复做上述步骤。

2.5.4 实验结果及报告要求

1. 作图

以时间为横坐标，粉尘爆炸压力为纵坐标，在直角坐标系中作图，得到压力-时间曲线。

2. 计算

由压力-时间曲线得到粉尘最大爆炸压力和最大爆炸压力上升速率，并由最大爆炸压力上升速率和容器体积计算粉尘爆炸指数。

3. 分析

分析抑制剂的抑制效果及可能的原因。

2.5.5 注意事项

1）将配制好的化学点火头正确安装在点火电极座上。

2）避免直视光学玻璃，观察粉尘爆炸火焰。

2.5.6 思考题

1）粉尘最大爆炸压力受什么影响？

2）说明粉尘爆炸的条件。

2.6 消防器材的使用

2.6.1 实验目的

1）掌握各类消防设备的灭火基本原理，主要性能参数以及日常检查内容。

2）掌握各类消防设备的使用方法，能够针对不同类型的火灾选用对应的灭火设备。

3）具备一定的现场应急经验，培养并提高其实践能力。

4）掌握项目报告的编写方法。

5）通过学习不同物质的灭火原理，教育学生"尺有所短、寸有所长"的哲学思想，培养学生认识事物全面看问题的能力，学会分析利弊，防止片面。

2.6.2 实验原理与器材

1. 实验原理

灭火剂种类繁多，最常用的是水，其次主要有泡沫、气体、干粉和气溶胶。常见灭火剂的基本原理如下：

（1）水

冷却可燃物。1kg 水蒸发汽化时，要吸收 539.9kcal（$1kcal = 4.186 \times 10^3 J$）的热量。因而，当水与炽热的燃烧物接触时，在被加热与汽化的过程中，就会大量吸收燃烧物的热量，迫使燃烧物温度大大降低，从而使燃烧中止。稀释空气中的含氧量。水遇到炽热的燃烧物后汽化产生的大量水蒸气，能够阻止空气进入燃烧区，并能稀释燃烧区氧的含量，使燃烧逐渐缺少氧而减少燃烧强度（冷却和窒息）。

（2）二氧化碳

吸收大量的热（1kg 液态二氧化碳气化约需要 138kcal 的热量），对燃烧物具有一定冷却作用。增加空气中既不燃烧，也不助燃的成分，相对地减少空气中的氧气含量。二氧化碳在空气中达到 30%～35% 时，能使一般的可燃物逐渐窒息，达到 43.6% 时，能抑制汽油、蒸气及其他易燃气体的爆炸（冷却和窒息）。

但二氧化碳灭火剂施放后遗留产物会存留在大气中一段时间，对大气温室效应有一定影响，对人身健康安全也有危害，因此二氧化碳灭火剂不适合在人群居住和工作的地方使用。

（3）泡沫

由泡沫灭火剂的水溶液通过化学、物理作用充填大量气体（二氧化碳或空气）后形成无数小气泡。它的相对密度远远小于一般可燃、易燃液体的密度，因而可以漂浮于液体的表面，形成泡沫覆盖层。泡沫是热的不良导体，有隔热作用，又具有吸热性能，可以吸收液体的热量，使液体表面温度降低，蒸发速度减慢。灭火器的泡沫还有一定的黏性，可以黏附于一般可燃固体的表面，阻止液体蒸气穿过，使液体和燃烧区隔绝。当液体完全被泡沫封盖之后，得不到可燃蒸气的补充，火焰被迫熄灭（隔离和冷却）。

（4）干粉

平时储存于干粉灭火器或干粉灭火设备中，灭火量靠加压气体（二氧化碳或氮气）的压力将干粉从喷嘴中射出，形成一股夹着加压气体的雾状粉流，射向燃烧物。当干粉与火焰接触时，便发生一系列的物理化学作用，而把火扑灭（化学抑制和隔离）。

干粉灭火剂在灭火速率、灭火面积、等效单位灭火成本效果三个方面远远优于泡沫、二氧化碳等灭火剂。干粉灭火剂因其灭火速率快，制作工艺过程不复杂，使用温度（-50～80℃）范围广，对环境无特殊要求，使用方便，不需外界动力、水源，无毒、无污染、安全等特点，目前在手提式灭火器和固定式灭火系统上得到了广泛应用。

各类火灾适用的灭火剂类型如下：

扑救 A 类火灾（指含碳固体可燃物的火灾，如木材、棉、毛、麻、纸张等）：应选用泡沫、水型、磷酸铵盐干粉型灭火器。

扑救 B 类火灾（指甲、乙、丙类液体火灾，如汽油、煤油、柴油、甲醇、乙醚、丙酮等的火灾）：应选用干粉、泡沫、二氧化碳型灭火器。

扑救 C 类火灾（指可燃气体火灾，如煤气、天然气、甲烷、丙烷、乙炔、氢气等的火灾）：应选用干粉、二氧化碳型灭火器。

扑救 D 类火灾（指可燃金属火灾，如钾、钠、镁、钛、钴、锂、合金等的火灾）：应选用 7150 灭火器，应由设计部门与当地化验室消防监督部门协商解决。

扑救 E 类火灾（带电火灾。指物体带电燃烧的火灾，例如，变压器等设备的电气火灾等）：应选用洁净气体、二氧化碳等灭火剂及干粉型灭火器。

扑救 F 类火灾（烹饪器具内的烹饪物，如动物油脂或植物油脂火灾）：应选洁净用水雾型、泡沫型、BC 干粉型灭火器。

"尺有所短，寸有所长"，每一种灭火剂并不是万能的。发生火灾时，根据不同火灾场景选择具有针对性的灭火药剂和灭火方法往往能起到事半功倍的效果。如厨房油锅起火，此时浇水不仅不能灭火还会增大火势，而使用锅盖轻轻一盖，火势瞬间减小。水是最常用的灭火剂，但并非所有的火灾都可用水扑救的，以下几种物质火灾不能用水扑救：

1）遇水燃烧类物质。如钾、钠、镁粉、铝粉等，这些物质在与水接触时，能迅速发生化学反应，生成氢气，释放大量的热，易引起爆炸。

2）高压电气装备的火灾，在缺少良好的接地或没有切断电源时，一般不能用水扑救。因为水有导电性，可以用喷雾水流扑救。

3）轻于水且又不溶于水的可燃液体火灾。如汽油、煤油着火时，若用水灭，大量燃烧的油漂浮在水面，随水流动，易造成火势蔓延。

4）"三酸"（硫酸、盐酸、硝酸）火灾，不宜用强大的水流扑救，因为酸遇水流冲击会喷溅伤人。

5）溶化的铁水、钢水，不能用水直接扑救，因为水与这些高温物质接触会迅速分解成氢、氧，造成燃烧、爆炸。

2. 实验器材

木材、纸张、汽油、各种灭火器、灭火毯。

（1）水基灭火器

水基型灭火器结构如图 2-6-1 所示。

（2）二氧化碳灭火器

二氧化碳灭火器结构如图 2-6-2 所示。

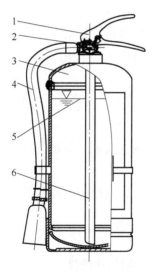

图 2-6-1　水基型灭火器结构

1—器头总成　2—压力表　3—筒体总成
4—喷带总成　5—灭火剂　6—喷管

图 2-6-2　二氧化碳灭火器结构

1—虹吸管　2—喷筒总成　3—钢瓶
4—保险装置　5—器头总成

（3）干粉灭火器

干粉灭火器结构如图 2-6-3 所示。

（4）泡沫灭火器

泡沫灭火器结构如图 2-6-4 所示。

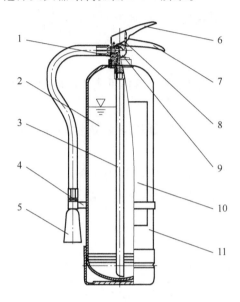 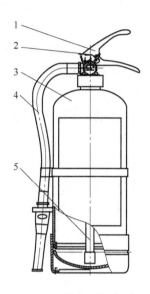

图 2-6-3　干粉灭火器结构

1—器头阀体　2—灭火剂　3—虹吸管　4—固定带

5—喷管部装　6—压把　7—提把　8—保险装置

9—压力表　10—铭牌　11—筒体

图 2-6-4　泡沫灭火器结构

1—器头总成　2—保险装置　3—筒体总成

4—喷筒总成　5—虹吸管

（5）灭火毯

灭火毯如图 2-6-5 所示。

图 2-6-5　灭火毯

2.6.3 实验步骤

1. 识别各种灭火器的型号与规格

我国灭火器的型号是按照《消防产品型号编制方法》的规定编制的。它由类、组、特征代号及主要参数几部分组成。类、组、特征代号用大写汉语拼音字母表示。灭火器的编号规则如下：

1）第一位是灭火器代号，用M表示，始终不变。

2）第二位是灭火剂代号，代表所装填的各种灭火剂种类，具体见表2-6-1。灭火剂代号必须有，不可省略。

3）第三位是灭火器的结构特征代号，注意：手提式灭火器的特征代号可以省略的。

前三位是灭火器的主编号。

4）第四部分是灭火剂特征代号，灭火剂特征代号与主编号之间用一个"/"符号分隔。灭火剂的特征代号主要有：ABC：灭火磷酸铵盐干粉；BC：碳酸氢钠干粉。

5）第五位是灭火器的质量或容积。

灭火器编号规则见表2-6-1。

表2-6-1　灭火器编号规则表

灭火器代号	灭火剂代号	结构特征代号	灭火剂特征代号	灭火剂质量或容积
M	S：水型灭火剂 T：二氧化碳灭火剂 Y：1211灭火剂 P：泡沫灭火剂 F：干粉灭火剂	S：手提式（不标注） T：推车式 Y：鸭嘴式 Z：贮压式 B：背负式	Q：清水型 AR：抗溶性泡沫 ABC：磷酸铵盐干粉 BC：碳酸氢钠干粉 （不标注）	水型或泡沫型： （单位：L） 其余灭火剂（单位：kg）

示例如下：

MFZ/ABC5——5kg的贮压式磷酸铵盐干粉灭火器。

MT2——2kg的手提式（S不标注）二氧化碳灭火器。

MFT20——20kg的推车式碳酸氢钠（BC不标注）干粉灭火器。

MFT/ABC20——20kg的推车式磷酸铵盐干粉灭火器。

MS/Q9——9L的手提式（S不标注）清水型灭火器。

2. 灭火器的日常检查要点

灭火器的日常检查包括识别灭火器的标识，区分灭火器是否处于保质期内，通过压力表指针所指颜色区段来辨别灭火器是否处于正常压力状态等。检查要点如下：

1）检查压力是否在规定的范围内，储压式干粉灭火器指针应处于绿色区域。当指针处于红色区域内表示罐体压力不足，需要重新充装（再充装）；指针处于黄色区域表示罐体压力过高（超充装），使用应注意安全（图2-6-6）。

2）检查保险销有无锈蚀，转动是否灵活，铅封是否完好。

3）灭火器压把、阀体、顶针等金属件有无严重损伤、变形、锈蚀等。

图 2-6-6 灭火器上压力表状态

4）检查喷管（筒）是否老化、龟裂，是否有异物堵塞。

5）检查筒体有无变形和机械损伤，底部有无锈蚀，有无脏污。

6）检查灭火器是否在有效使用期内。

7）推车式灭火器轮子等转动部件是否灵活、可靠，推动时运转是否正常。

8）检查铭牌标注的项目是否清楚、齐全。

9）修理过的灭火器应按照《灭火器维修》（XF 95—2015）中制定的标准在瓶体上贴有修理证书。维修合格证书应包括以下内容：维修编号，维修公司负责人及维修人员盖章，灭火器的总质量，维修日期，维护组织的名称、地址和电话号码。不要随意延长灭火器维修的有效期限。

3. 实验时设计三种火灾

木材、纸张、汽油火灾。

4. 灭火器选择

根据不同的火灾选用合适的灭火设备进行灭火。

5. 各种灭火器、灭火毯的使用方法

1）水基型灭火器：第一步，将灭火器提至现场，在距离燃烧物 6~10m，然后拔掉保险销；第二步，一只手握住开启的压把，另一只手握住喷枪，开启压把时，要向下压且紧握不放，灭火器密封被开启后，空气泡沫将从喷枪里喷出；第三步，喷出泡沫后，要将喷枪对准火势最旺处，灭火器要与地面保持垂直状态，不可横卧或者倒置。

2）泡沫灭火器：使用时需要倒置并稍加摇动，一只手紧握提环，另一只手扶住筒体的底圈，而后打开开关，对着火焰喷出药剂。将射流对准燃烧最猛烈处。

3）二氧化碳灭火器：放下灭火器，拔出保险销，只需一只手握住喇叭筒根部的手柄，对着火源，另一只手紧握启闭阀的压把，打开开关即可。对没有喷射软管的二氧化碳灭火器，应把喇叭筒往上扳 70°~90°。使用时，不能直接用手抓住喇叭筒外壁或金属连线管，防止手被冻伤。

4）干粉灭火器：只需提起圈环干粉即可喷出。操作者应一只手紧握喷枪，另一只手提起储气瓶上的开启提环。如果储气瓶的开启是手轮式的，则向逆时针方向旋开，并旋到最高位置，随即提起灭火器。当干粉喷出后，迅速对准火焰的根部扫射。使用的干粉灭火器若是内置式储气瓶的或者是贮压式的，操作者应先将压把上的保险销拔下，然后握住喷射软管前端的喷嘴部，另一只手将压把压下，打开灭火器进行灭火。有喷射软管的灭火器或贮压式灭火器在使用时，应一只手始终压住压把，不能放开，否则会中断喷射。

5）灭火毯：将防火毯固定或放置在更明显的墙壁或抽屉上，保证使用时可以快速拿到。发生火灾时，迅速取出灭火毯并用双手抓住两条黑色拉带。轻轻摇晃灭火毯，将其像盾牌一样轻轻地覆盖在火焰上，同时切断电源或气源。让灭火毯继续覆盖被烧物体，并采取积极的灭火措施，直到火焰被完全扑灭。如果有人着火，将灭火毯甩开，将其完全包裹住以扑灭火焰，并迅速拨打医疗急救电话"120"。灭火后，待灭火毯冷却，将灭火毯包裹成球状，并将其作为不可燃垃圾处置。

6. 各种灭火器的定期检验和维护

1）对灭火器表面、喷管及保险销进行清洁、整理，用软清洁布擦拭罐体，做到无灰尘和蜘蛛网。

2）每月对活动部位进行润滑保养。

3）每月至少晃动筒体1次，防止干粉结块。

4）当压力低于规定的范围或干粉严重结块时应立即更换。

5）二氧化碳灭火器要每月称重1次，当重量减少5%时，要及时更换。

6）每年对灭火器进行1次除锈、刷漆。

7）自出厂之日起第5年必须做筒体水压试验，以后每2年做1次。

8）达到报废年限时应及时申请更换。

2.6.4　实验结果及报告要求

1）不同类型灭火剂的灭火原理说明。

2）分别描述2.6.3中各实验步骤的观察结果或操作过程，并掌握灭火器的选择原则。

3）灭火器的日常检查要点。

2.6.5　注意事项

1）必须严格按照消防器材的操作步骤工作。

2）灭火器应在专业人员指导下进行操作及相关实验。

3）灭火器使用时，一般在距离燃烧物5m左右地方使用，不过对于射程近的灭火器，可以在2m左右，视现场的情况而定。

4）喷射时，应采取由近而远、由外而里的方法。

5）灭火时，人要站在上风处。

6）注意不要将灭火器的盖与底对着人体，防止其弹出伤人。

7）持喷筒的手应握住胶质喷管处，防止冻伤。

8）实验完毕，要将火源彻底熄灭，以免留下火灾隐患。

2.6.6 思考题

1）灭火器的维修周期是多久？

2）灭火器的报废周期是多久？

3）灭火器的报废标准是什么？

2.7 火灾预警系统及疏散路线的设计

2.7.1 实验目的

1）了解感烟式、感温式火灾探测器的探测原理和对火灾的响应特征。

2）掌握火灾预警系统基本构成，认识组件与控制器之间的动作关系，掌握火灾预警系统的控制原理。

3）掌握火灾预警控制软件的使用方法，学习最佳安全疏散路线的设计方法。

4）通过对比分析火灾烟雾模拟和温度模拟时烟雾浓度和温度的设定值和响应值，掌握选择合适火灾探测器的方法，培养学生具体问题具体分析的能力。

2.7.2 实验原理与器材

1. 实验原理

火灾探测器是火灾自动报警控制系统中最关键的部件之一，它以探测物质燃烧过程中产生的各种物理现象为依据，是整个系统自动检测的触发器件，能不间断地监视和探测被保护区域的初起火灾信号。

根据探测火灾参数的不同，火灾探测器可分为感烟式、感温式、感光式、可燃气体探测式和复合式等主要类型。本实验中的预警系统为感烟感温复合预警系统，其感烟过程主要通过检测燃烧或热解产生的固体或液体微粒来预警。感烟式火灾探测器作为火灾前期、初起火灾报警装置是非常有效的。对于要求火灾损失小的重要地点，以及火灾初期有阴燃阶段，产生大量的烟和少量的热，很少或没有火焰辐射的场所，都适合选用感烟式火灾探测器。感温式火灾探测器是响应异常温度、温升速率和温差等火灾信号的火灾探测器。本实验用到的感温感烟复合探测器采用两种手段报警：一种为域值报警，当温度和烟度达到设定的域值时，报警器响；另外一种为升温速率报警，当升温速率超过设定值时，报警器响。报警流程如图 2-7-1 所示。

火灾预警系统能及时、准确地探测被保护对象的初起火灾，并做出报警响应，从而使建筑物中的人员有足够的时间在火灾尚未发展蔓延到危及生命安全的程度时疏散至安全地带，是保障人员生命安全的最核心的建筑消防系统。

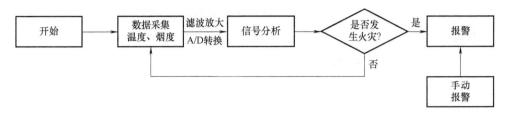

图 2-7-1　报警流程

（1）火灾预警系统组成

火灾预警系统的基本组件如下：

1）触发器件。在火灾自动报警系统中，自动或手动产生火灾报警信号的器件称为触发器件，主要包括火灾探测器和手动火灾报警按钮。火灾探测器是能对火灾参数（如烟、温度、气体浓度等）响应并自动产生火灾报警信号的器件。

手动火灾报警按钮是手动方式产生火灾报警信号、启动火灾自动报警系统的器件。

光电感烟火灾探测器和手动火灾报警按钮样式如图 2-7-2 所示。

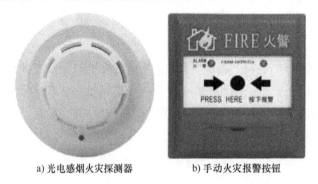

a) 光电感烟火灾探测器　　　b) 手动火灾报警按钮

图 2-7-2　光电感烟火灾探测器和手动火灾报警按钮样式

2）火灾警报装置。在火灾自动报警系统中，用以发出区别于环境声、光的火灾警报信号的装置称为火灾警报装置。它以声、光等方式向报警区域发出火灾警报信号，以警示人们迅速采取安全疏散及灭火救灾的措施。

3）电源。火灾自动报警系统属于消防用电设备，其主电源应当采用消防电源，备用电源可采用蓄电池。系统电源除为火灾报警控制器供电外，还为与系统相关的消防控制设备等供电。

（2）火灾预警系统工作原理

1）火灾发生时，会产生热量、光亮、气体（完全燃烧时是二氧化碳，不完全燃烧时是一氧化碳）以及烟雾等现象。

2）火场内布置的火灾探测器探测到上述现象，会自动传递信号给火灾报警控制器；若有人员在现场并发现火灾，应即刻按响手动报警器，将信号传递给火灾报警控制器。无论是探测器报警还是手动报警，其本质与目的都是一样的，就是将火灾信号及时传递给火灾报警控制器。

（3）智慧式电气火灾隐患排查监管系统

智慧式电气火灾隐患排查监管系统是基于移动互联网、云计算技术，通过物联网传感终端（现场监控模块、传输模块）将供电侧、用电侧电气安全参数实时传输至云服务器的。安全用电管理云平台可以不受时间、地点、环境的限制，自行选择合适的方式（本地计算机、手机 App 或短信）来掌控用电系统的运行情况，真正做到"早预防、快报警、自诊断、出报表"（图 2-7-3）。

图 2-7-3 智慧式电气火灾隐患排查监管系统示例

2. 实验器材

火灾探测预警实验装置（图 2-7-4）、火灾预警控制软件、香烟、烟饼、吹风机、电烙铁。

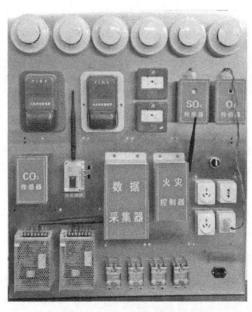

图 2-7-4 火灾探测预警实验装置

2.7.3 实验步骤

1. 软件启动

打开计算机，熟悉火灾预警控制软件的功能，图 2-7-5 中的列表栏显示所选择探测器的实时探测数值，分别显示每个控制机回路上探测器以及手动报警器的工作状态，包括烟度、温度、手动报警状态以及相应的物理地址。可以通过下位机的地址选择栏选择要观察的感温感烟探测器以及手动报警器（图 2-7-6）。

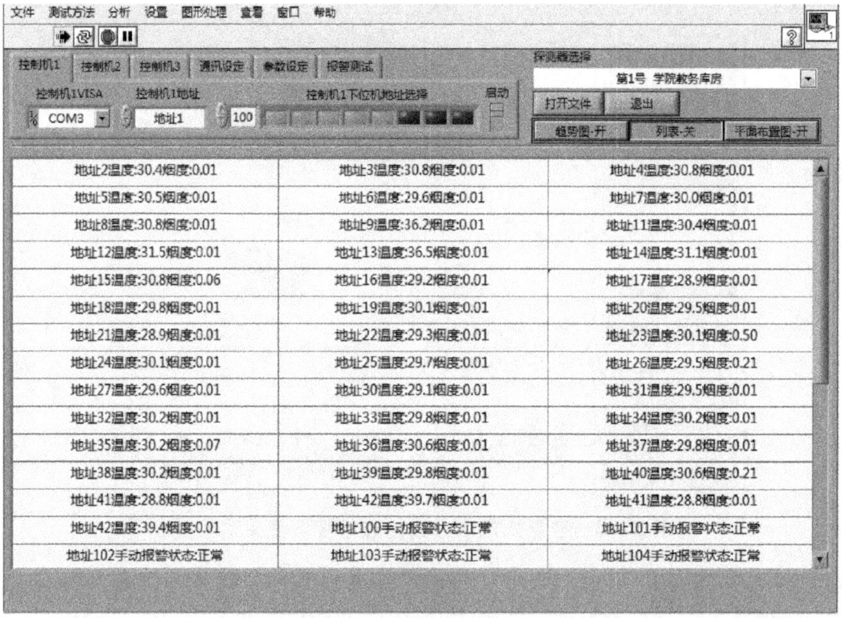

图 2-7-5　主控界面列表栏

图 2-7-6　上下位机地址选择

主控界面趋势图栏（图 2-7-7）可在坐标上显示相应的探测器温度和烟度历史数据曲线，可以选择各种曲线表现形式，以及光标定位查询任意时刻对应探测器测量的温度、烟度历史数据。

通过选择相应历史记录文件，可以利用探测器的下拉菜单选择要查看的探测器历史数据趋势图，对任意探测器历史数据进行分析，为制定可靠的火灾报警策略提供依据，还可以对探测器进行有针对性的检测和调试。

从平面布置图（图 2-7-8）中可以看到每个探测器相应的具体物理位置（如：查询学院教务库房），方便对探测器所处位置进行查询（图 2-7-9）。

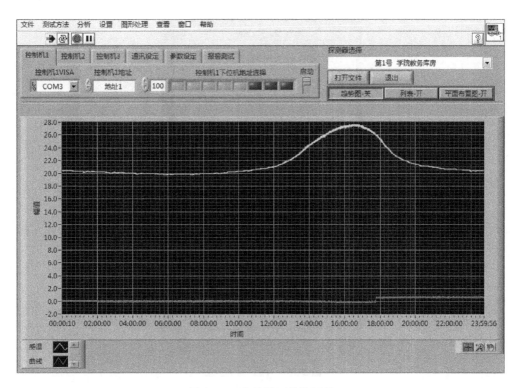

图 2-7-7 主控界面趋势图栏

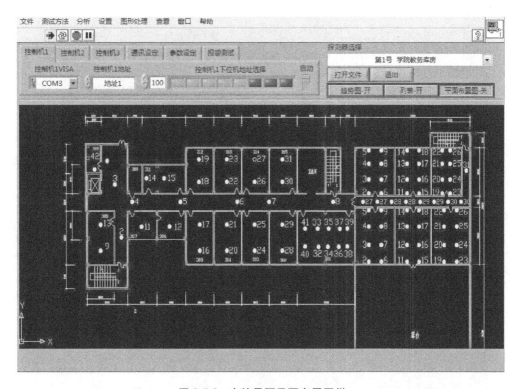

图 2-7-8 主控界面平面布置图栏

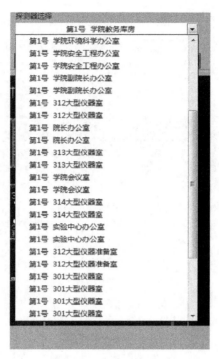

图 2-7-9 探测器选择栏

在参数设定界面可以设置报警器烟度阈值、温度阈值、报警器声音通道以及音量大小（图 2-7-10）。

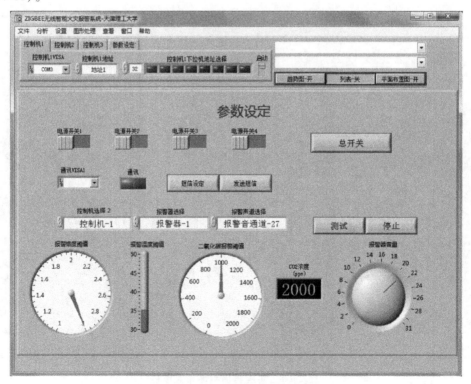

图 2-7-10 报警器参数设置

传统声光报警器在发生火灾报警时只能发出蜂鸣声或简单的报警声，该报警系统的声光报警加入语音报警系统，可容纳 30 种不同语音，对报警声进行编码，可根据不同火灾类型和火灾状况进行相应语音报警。

特别注意：在设置火灾烟雾模拟的烟雾浓度设定值及温度模拟的温度设定值时，应选择合适的火灾探测器，注意探测器的适用范围。如点型感烟火灾探测器适用于火灾初起有阴燃阶段，产生大量的烟和少量的热，很少或没有火焰辐射的场所。可能产生阴燃火或发生火灾不及时报警将造成重大损失的场所不宜采用点型感温火灾探测器。

2. 烟雾探测模拟

分组在报警区域的不同点使用香烟或者烟饼进行火灾烟雾模拟，观察报警器对火灾的响应状况。

3. 温度探测模拟

分组在报警区域的不同点使用吹风机或者电烙铁进行火灾温度模拟，观察报警器对火灾的响应状况。

2.7.4　实验结果及报告要求

1）实验报告包括实验目的、实验原理、实验步骤。

2）详细说明火灾自动报警系统的工作原理。

3）分别记录火灾烟雾模拟和温度模拟时烟雾浓度和温度的设定值和响应值，在表 2-7-1 中记录。

表 2-7-1　实验参数记录

参　数	设　定　值	响　应　值	测　量　位　置
温度/℃			
烟雾浓度（ppm）			

注：1ppm = 10^{-6}。

4）每组学生根据本组起火点的位置设计安全疏散路线。其具体的过程如下：

① 绘制平面图，重点标明安全出口的位置、数量（是否能够保证每个房间不少于 2 个安全出口）。

② 估计各个房间的疏散人数。

③ 确定不同疏散路线。

④ 设计出最优的安全疏散路线。

5）分析思考题。

2.7.5　注意事项

1）必须严格按照火灾预警控制软件的操作步骤工作。

2）实验场所要无风、温度不能太高，不能有其他的污染源（气体和光线）。

3）连接报警控制软件与实验装置时，注意通电状态。

4）实验完毕，要将模拟火源彻底熄灭，并开窗通风，以免留下火灾隐患。

2.7.6 思考题

1）在同一空间装有感烟探测器、感温探测器，发生火灾后，它们的响应时间先后有何区别？为什么？

2）对于探测器报警和手动报警按钮报警，哪一个报警要求更可靠、更确切？为什么？

3）如何理解火灾自动报警系统是消防系统的核心？

2.8 湿式自动喷水灭火系统模拟

2.8.1 实验目的

1）认识湿式报警阀各个组成部件、功能及其连接顺序。

2）掌握湿式自动喷水灭火系统的基本构成，认识组件与控制器之间的动作关系。

3）掌握湿式自动喷水灭火系统的工作原理和工作过程。

2.8.2 实验原理与器材

1. 实验原理

（1）湿式自动喷水灭火系统工作原理

保护区域内发生火灾时，温度升高，湿式自动喷水灭火系统中的闭式喷头玻璃球炸裂而使喷头开启。这时系统侧压力降低，供水压力大于系统侧压力（产生压差），使阀瓣打开（湿式报警阀开启），其中一路压力水流向洒水喷头，对保护区洒水灭火，同时水流指示器报告起火位置（或通过楼层区域报警），将信号传至消防控制中心；另一路压力水通过延迟器流向水力警铃，发出持续铃声报警，报警阀组或稳压泵的压力开关输出启动供水泵信号，完成系统启动。系统启动后，由供水泵向开放的喷头供水，开放喷头按不低于设计规定的喷水强度均匀喷水，实施灭火（图 2-8-1）。系统中的模拟实验阀用于调试湿式报警阀组，末端试水实验阀用于调试湿式自动喷水灭火系统。

（2）湿式自动喷水灭火系统组件

湿式自动喷水灭火系统是指由湿式报警阀组、延迟器、压力开关、末端试水装置、水流指示器、闭式洒水喷头、消防水泵、控制阀门、管道和供水设施等组成，能在发生火灾时喷水的自动灭火系统。系统的管道内充满有压水，一旦发生火灾，喷头动作后立即喷水。

1）湿式报警阀组。湿式报警阀是只允许水单方向流入喷水系统并在规定流量下报警的一种单向阀（图 2-8-2）。它在系统中的作用为：接通或关断报警水流，喷头动作后报警水流将驱动水力警铃和压力开关报警；防止水倒流。

2）延迟器。延迟器是容积式部件，它可以消除自动喷水灭火系统因水源压力波动和水流冲击造成的误报警（图 2-8-2）。

3）压力开关。压力开关安装在延迟器上部，将水压信号变换成电信号，从而实现电动报警或启动消防水泵（图 2-8-2）。

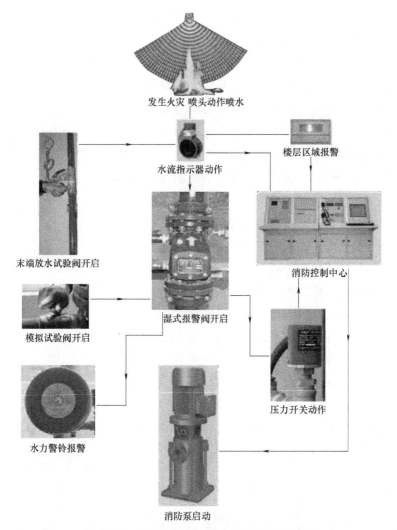

图 2-8-1　湿式自动喷水灭火系统工作原理图

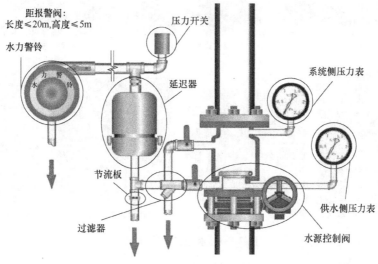

图 2-8-2　湿式报警阀构造

4）水力警铃。水力警铃是指水流过湿式报警阀使之启动后，能发出声响的水力驱动式报警装置。其适用于湿式、干式报警阀及雨淋阀系统中（图 2-8-2）。它安装在延迟器的上部。当喷头开启时，系统侧排水口放水后 5~90s 内，水力警铃开始工作等。

5）末端试水装置。末端试水装置由试水阀、试水压力表以及试水接头等组成（图 2-8-3），其作用是检验系统的启动、报警及联动等功能的装置，一般安装在系统管网最不利点喷头处。

6）水流指示器。水流指示器的功能是及时报告发生火灾的部位，其样式如图 2-8-4 所示。在设置闭式自动喷水灭火系统的建筑内，除报警阀组控制的洒水喷头仅保护不超过防火分区面积的同层场所外，每个防火分区和每个楼层均应设置水流指示器。

7）闭式洒水喷头。闭式洒水喷头是一种直接喷水灭火的组件，是带热敏感元件及其密封组件的自动喷头。该热敏感元件可在预定温度范围内动作，使热敏感元件及其密封组件脱离喷头主体，并按规定的形状和水

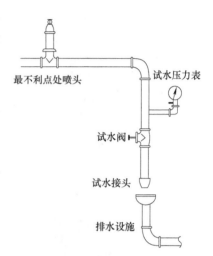

图 2-8-3 末端试水装置

量在规定的保护面积内喷水灭火，它的性能好坏直接关系着系统的启动、灭火和控火效果。此种喷头按热敏感元件划分，可分为玻璃球洒水喷头和易熔元件洒水喷头两种类型；按安装形式、布水形状又分为直立型、下垂型、边墙型、吊顶型和干式下垂型等（图 2-8-5）。

a) 法兰式水流指示器

b) 马鞍式水流指示器

c) 对夹式水流指示器

d) 螺纹式水流指示器

e) 沟槽式水流指示器

f) 焊接式水流指示器

图 2-8-4 水流指示器样式

下垂型　　　　　直立型　　　　　边墙型　　　　干式下垂型　　　　吊顶型

图 2-8-5　闭式洒水喷头

8）消防水泵。消防水泵主要用于消防系统管道增压送水。

2. 实验器材

湿式自动喷水灭火系统模拟实验装置（图 2-8-6）、湿式报警阀、喷头等。

图 2-8-6　湿式自动喷水灭火系统模拟实验装置

2.8.3　实验步骤

1）查看湿式报警阀内部结构及工作原理。

2）了解湿式自动喷水灭火系统的组装顺序。

3）了解湿式自动喷水灭火系统模拟装置的使用方法，理解自动喷水灭火过程及灭火原理。具体操作步骤如下：

① 按照要求，首先把水箱注满水。

② 把信号蝶阀开到 100% 位置，关闭湿式报警阀上的试水阀及排水阀。

③ 合上电源总开关，按下总启动按钮，此时系统处于带电状态。

④ 按下稳压泵的启动按钮，稳压泵启动，并开始往管网里注水。

⑤ 此时打开末端试水阀（也是排气阀）排空管网中的空气，然后关闭此阀门。

⑥ 当稳压泵向管网中注水的压力达到稳压泵的控制值时，稳压泵处于停止状态。

⑦ 通过点火或者直接击碎喷头上的玻璃管后水开始自动喷水（代表发生火警）湿式报警阀阀体上下腔压力不平衡，打开阀体，管网中水压下降，稳压泵自动启动，并开始不断地向管网中注水。此时可以测量水流指示器和压力开关的状态是否发生变化。

⑧ 此时即可以完成自动喷水灭火模拟实验。

该实验过程中水力警铃可能不一定会响，因为这里的稳压泵外接的是自来水，其压力不足以推动水力警铃。

4）测试不同类型喷头的保护范围，并记录喷头类型、保护半径、保护面积等特征参数。

2.8.4 实验结果及报告要求

1）实验报告包括实验目的、实验原理、实验步骤。

2）实验过程详细记录及故障排除。

3）分别记录不同类型喷头的保护范围，并记录喷头类型、保护半径、保护面积等特征参数（表 2-8-1）。

表 2-8-1 喷头特征参数记录

喷 头 类 型	保护半径/m	保护面积/m^2

2.8.5 注意事项

1）在使用湿式报警阀的过程中，注意严格按照说明书使用。

2）注意用水、用电安全。

2.8.6 思考题

1）压力开关的作用是什么？

2）水流指示器的作用是什么？

3）末端试水装置的作用是什么？

4）水流指示器能否兼有火灾报警的功能？

第3章
安全人机工程实验

3.1 人体尺寸测量实验

3.1.1 实验目的

人体测量主要研究人体测量和观察方法，并通过人体整体测量与局部测量来探讨人体的特征、类型、变异和发展。本实验的目的如下：

1）测量人体各肢体的长度、宽度及围度等形态指标。

2）掌握人体尺寸百分位数的具体含义，计算测量群体的特定百分位数数值。

3）通过对实验结果的分析和讨论，培养学生从局部到整体的思辨能力以及分析问题、解决问题的能力。

3.1.2 实验原理与器材

1. 实验原理

用人体测量尺对人体尺寸进行测量，掌握人体不同部位的个体数据和群体数据，进而求出特定人群的特征数据，例如，大学生的95%位数的下肢长，可为大学生座椅的设计提供设计数据支持。

2. 实验器材

BD-Ⅱ-605型人体测量尺（图3-1-1）。

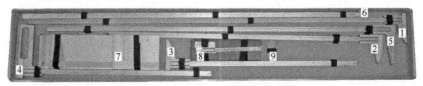

图3-1-1　BD-Ⅱ-605型人体测量尺

1—长马丁尺（130cm）　2—中马丁尺（95cm）　3—短马丁尺（65cm）　4—直角规（65cm）
5—臂伸测量尺（120cm）　6—加长杆（220cm）　7—足长测量仪　8—游标卡尺　9—围度尺

3.1.3 实验步骤

分别使用长马丁尺、中马丁尺、短马丁尺、直角规、臂伸测量尺、加长杆、足长测量仪、游标卡尺、围度尺各测量人体，主要部位尺寸（图3-1-2）。测量项目数根据实验学时安排。

1）使用长马丁尺测量下肢长。将尺子垂直于地面，移动尺标至测量点，尺标所对应的数字即为所测下肢长度。

2）使用中马丁尺测量上肢长、上臂长、前臂长、手长等。移动尺标至测量点，目标物夹在尺头与尺标之间，读取数字即为所测部位长度。

3）使用短马丁尺测量大腿长、小腿长和跟腱长等。将尺子垂直于地面，移动尺标至测量点，尺标所对应的数字即为所测部位长度。

4）使用直角规测量肩宽、骨盆宽、胸宽和胸厚等。移动尺标至测量点，目标物夹在尺头与尺标之间，读取数字，即为所测部位长度。

5）使用臂伸测量尺测量臂伸、身长等。移动尺标至测量点，目标物夹在尺头与尺标之间，读取数字，即为所测部位长度。如测量长度不够，可将加长杆插入尾端。

6）使用足长测量仪测量足长。移动尺标，将单足放于底板之上，并轻处于尺头与尺标之间，读取数字，即为足长。

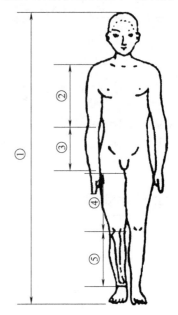

图 3-1-2 人体主要部位尺寸
①—身高 ②—上臂长 ③—前臂长
④—大腿长 ⑤—小腿长

7）使用游标卡尺测量手宽、足宽等。松开游标上的螺钉，移动游标至测量点，将目标物夹在尺头与尺标中间，所对应的数字即为所测部位的长度。

8）使用围度尺测量胸围、腰围、臀围、上下肢体及其他人体曲线的围度。先将卷尺绕在测量点上，注意不要缠得太紧，即可读取数字，即为所测部位长度。

9）使用完毕后，按图3-1-1所示将测量尺固定于包装箱中。

3.1.4 实验结果及报告要求

实验结果填入人体尺寸测量数据表（表3-1-1）和人体尺寸表（表3-1-2）。

表 3-1-1 人体尺寸测量数据 （单位：mm）

序　号	测量项目				
	①身高	②上臂长	③前臂长	④大腿长	⑤小腿长
1					
2					
3					
…					
n					

注：n 代表第 n 个学生的测量数据。

表 3-1-2　人体尺寸表　　　　　　　　　　　　　（单位：mm）

测量项目	百分位数			
	X_5	X_{50}	X_{95}	X_{99}
①身高				
②上臂长				
③前臂长				
④大腿长				
⑤小腿长				

注：计算方法参照张力、廖可兵主编的《安全人机工程学》第 2 章介绍的人体人机工程学参数实例，首先算出平均值和标准差，再计算各百分位数数值。

3.1.5　注意事项

1）被测者保持标准立姿位，否则影响到测量的准确度。

2）测试者仔细观察数据，最好请其他同学协助读数，确认后填写到表中。

3）收集到更多被试者的数据后再进行数据处理，建议处理数据量大于 30 个。实验结果处理的过程中，应注意个体尺寸是群体尺寸的一分子，因此要从测量个体尺寸入手分析出群体尺寸的特性。

3.1.6　思考题

1）简述人体各部分尺寸之间的关系。人体各部分尺寸是否有简便估算方法？

2）人体测量数据在不同场合的应用原则是什么？

3.2 | 人体生理参数测量实验

3.2.1　实验目的

通过测量人体生理参数，如心率、体温、血压等的变化，观测生理参数与疲劳之间的关系。本实验的目的如下：

1）掌握测量仪器的使用方法。

2）掌握人疲劳时生理参数的变化规律。

3）通过归纳生理参数的变化规律，锻炼学生勤于思考、归纳总结的科学能力。

3.2.2　实验原理与器材

1. 实验原理

测量心率、血压、血氧饱和度等生理参数，研究生理参数随着疲劳程度增加的变化规律。

2. 实验器材

动感单车，多参数监护仪（JR2000D）。

3.2.3　实验步骤

1）测量被试者的初始生理参数：心率、血氧饱和度、体温、血压。

2）被试者骑行动感单车，每隔30s记录一次骑行参数和相关生理参数。

3）完成实验5min后，再测试一次血压。

3.2.4　实验结果及报告要求

将实验收集数据记入表3-2-1。

表 3-2-1　生理参数数据记录表

时间/s	0	30	60	90	120	150	180	210	240	270	300
里程/km											
心率（次/min）											
血压/mmHg		—	—	—	—	—	—	—	—	—	—
血氧饱和度（%）											
体温/℃											

注：1mmHg＝0.133kPa。

3.2.5　注意事项

1）要求匀速骑行，不必过快，也不能过于缓慢，快慢程度以使被试者的生理参数发生变化为宜。

2）骑行中若心率超过160次/min时，停止实验，让被试者休息几分钟后继续进行实验。

3）严格掌握每个间断的记录时刻，记录设定时刻的生理参数，在记录数据时要两人共同确认数据的准确性。

4）在数据处理过程中，将时间作为横坐标，参数指标作为纵坐标，画出参数随时间变化的折线图，观察折线的变化规律。

3.2.6　思考题

1）哪一个生理参数最能反映出人体的疲劳程度？

2）分析生理参数与疲劳之间的关系。

3）我国中医通过号脉的方法考察人体生理状态，我国第一部脉学专著——《脉经》中的诊脉方法和理论已相当完备。《脉经》产生于哪个朝代？距今多少年？

3.3 | 暗适应实验

3.3.1 实验目的

暗适应实验是一种感觉类实验，主要用于人机工程学教学，也可应用于机动车驾驶员适应性检测等领域的测试。本实验的目的：测试人在暗适应条件下的视敏度，通过测试被试者的视敏度反映其暗适应能力。

3.3.2 实验原理与器材

1. 实验原理

暗适应是视觉在环境强烈变化时的一种重要适应功能，表现为人眼由明亮处马上转入黑暗处视觉有一个逐步恢复和适应的过程。由于瞳孔受到由亮到暗的刺激，大小随之变化，视神经和视网膜也随之产生生物化学变化，这需要一个时间过程，使视觉逐步适应暗环境，这个过程称为暗适应。暗适应与人眼受到强光刺激的程度和时间都有关系，受到刺激的光强度越大、时间越长，达到完全适应所需的时间越长。

（1）直接测试

将弱光调至最强，测试 30s，被试者的暗适应视力通常能达到正常水平。这也是驾驶员夜间驾驶适应性检测通过标准的一项重要指标。

（2）暗适应曲线

暗适应是在低亮度环境中，视觉感受性缓慢提高的过程。其发生条件为由亮处进入暗处。在同一弱光照明条件下，选择不同的测试时间，测试不同暗适应时间条件下的视觉阈值。以视觉阈值为纵坐标，测试（暗适应）时间为横坐标，作暗适应曲线（图 3-3-1）。一般是在进入暗处后的最初约 7min 内，人眼感知光线的阈值出现一次明显的下降，以后再次出现更为明显的下降；进入暗处 25~30min 时，阈值下降到最低点，并稳定于这一状态。暗适应的第一阶段主要与视锥细胞视色素的合成增加有关；第二阶段是暗适应的主要阶段，与视杆细胞中视紫红质的合成增强有关。由图 3-3-1 可以看出，暗适应是人眼在暗处对光的视觉感受性逐渐提高的过程。

（3）视敏度与照明的关系

选择适当的测试时间（如 15s），测试不同的弱光照度条件的视敏度。视敏度受背景照明的影响非常明显。在光强从弱到强的变化过程中，视敏度提高的速度最初较慢，后来变快，最后又变慢。以视敏度值为纵坐标，照度（以电流表显示值表示）为横坐标，可做出两者关系图（图 3-3-2）。从此图中可看出，视敏度随照度增加而变化的过程呈 S 形曲线（全色盲者除外）。

2. 实验器材

采用 BD-Ⅱ-120 型暗适应仪。该仪器由微机控制，控制时间准确。主机包括：控制电路、主试操作面板、被试观察窗、强光照明、弱光照明等。

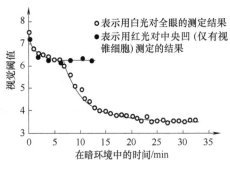

图 3-3-1 暗适应曲线

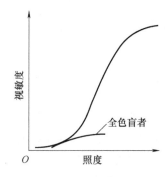

图 3-3-2 照度与视敏度的关系

主要技术指标：

1）强光设定时间为 30s。

2）弱光下的测试时间：5s、10s、15s、20s、25s、30s，6 档。

3）视敏度测试表：透明薄膜的数字卡片，4 块。

4）视敏度测试表数值：10 行，相应标准对数视力（小数记录）为 0.1、0.15、0.2、0.25、0.3、0.4、0.5、0.6、0.8、1.0。

5）明适应应用视野亮度：2000lx。

6）暗示标亮度：0~1.5lx（由电流表指示）。

3.3.3 实验步骤

仪器设计为固定强光光源作为亮环境，被试者在强光环境适应 30s 后突然熄灭强光灯，呈现弱光环境下的数字示标，通过测试被试者的视敏度反映其暗适应能力。

1. 准备

1）仪器安装：打开机箱被试面的箱盖门，取出观察窗，固定安装于机箱箱门的窗口。关闭箱盖门，挂上别扣。

2）去掉观察窗两侧的挡尘板。

3）将仪器侧面的插座与 220V 电源连接。打开主试操作面板的箱盖门（图 3-3-3），按下电源开关，开关上的指示灯亮，仪器完成自检过程后，进入待机状态。

4）调整主试面板上的旋钮使电流表指示所需要的值，其表示暗示标亮度，即弱光照明强度。

5）选择弱光下的测试时间。

6）打开弱光照明盒，选择一块视敏度（视力）测试表，按照字符上大下小且面向被试者为正的方向插入照明盒前端的插槽中，关闭弱光照明盒。

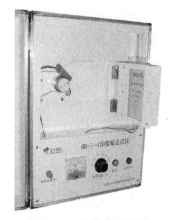

图 3-3-3 仪器前面板图

7）关闭箱盖门，挂上别扣。

2. 测试

1）测试时，被试者眼睛紧贴观察窗，在黑暗环境下，适应 1min 以上。

2）主试者按仪器侧面插座旁的<启动>键开始测试。被试者在整个测试过程中，必须睁大眼睛注视正前方，主试者可通过观察窗侧面的小孔查看被试者是否在强光照明时闭眼，以确保实验结果正确。

3）强光照明灯点亮，延时30s。然后熄灭转入弱光照明，当强光灯熄灭的同时视敏度数字示标的窗口打开。

4）被试者在视觉恢复到能看清正前方数字时，尽可能由上至下分段读出，直至10行数字读完或测试结束，窗口挡板再次挡住。主试者根据被试者的口头报告，对应呈现的视敏度表，记录被试者的识别程度，即被试者的视敏度（视力）值。

5）视敏度测试板数字对照表见表3-3-1。

表 3-3-1　视敏度测试板数字对照表

视敏度（视力）值		A	B	C	D
5分记录值	小数记录值				
4.0	0.1	805	805	805	805
4.2	0.15	62038	42639	52738	62749
4.3	0.2	47526	37258	46537	36428
4.4	0.25	09536	05863	08632	08632
4.5	0.3	73839	65462	78362	98353
4.6	0.4	26470	53689	53689	62950
4.7	0.5	53936	86370	67480	43638
4.8	0.6	83532	53472	32863	35264
4.9	0.8	76493	52683	23459	52683
5.0	1.0	28475	28475	28475	28475

3.3.4　实验结果及报告要求

实验结束后，将收集的数据填入表3-3-2和表3-3-3。

1）视敏度与时间的关系记录于表3-3-2。

表 3-3-2　视敏度与时间的关系记录

测试板	弱光档位	测试时间/s	视　敏　度					
			被试者1	被试者2	被试者3	被试者4	被试者5	被试者6
A、B、C、D		5						
		10						
		15						
		20						
		25						
		30						

注：弱光档位可变，共计1~8档；A、B、C、D 4块视敏度测试板选择的弱光档位应一致。

2）视敏度与弱光档位的关系记录表样式见表 3-3-3。

表 3-3-3　视敏度与弱光档位的关系记录表样式

测试板	测试时间 /s	弱光档位 /s	视　敏　度					
			被试者 1	被试者 2	被试者 3	被试者 4	被试者 5	被试者 6
A、B、C、D	15	1						
		2						
		3						
		4						
		5						
		6						
		7						
		8						

注：测试时间可变，一般选取 15s。

3.3.5　注意事项

1）实验完毕后，不必拆卸观察窗，但应加入观察窗两侧的挡尘板，以防尘土进入箱体中。

2）操作时，主试应清楚地表达实验指导语，待被试完全理解后开始实验。在操作过程中，主试看主试面板，被试看被试面板，且主试在实验的整个过程中一定要保持表情和语言上的中立。

3）被试必须是视力正常者（包括矫正视力达到 1.0），不能是夜盲症患者。被试在整个测试过程中，必须睁大眼睛注视正前方，在视觉恢复到能看清正前方的数字时，尽可能由上至下分段读出。

3.3.6　思考题

1）现实中哪些现象属于暗适应现象？

2）如何根据曲线族的状况确定不同个体间暗适应的差异？

3.4 时间知觉实验

3.4.1　实验目的

时间知觉实验是一种知觉类实验。本实验目的是比较通过不同感觉通道估计时间的准确性，学习用复制法（平均误差法）测定时间知觉的误差。比较对呈现时间不同的闪光、声音估计的准确性，学习用恒定刺激法测量时间的差别阈限，同时检验自我估计对时间知觉准确性的作用，学习提高时间知觉精确程度的训练方法，了解自己对时间知觉的准确程度。

3.4.2　实验原理与器材

1. 实验原理

人们对时间长短的估计经常受到生理、心理等因素的影响。通常采用复制法研究时间知觉。复制法要求被试者复制出感觉上认为与标准刺激相等的时间，以复制结果与标准刺激的差别作为时间知觉准确性的指标，并区分是高估还是低估了标准时间。复制法测量的结果不受过去经验的影响，它能确切地表示一个人辨别时间长短的能力，可作为职业测评的一个指标。

时间知觉测试仪利用复制法的原理可检测各种因素对被测者时间知觉的影响，还可以根据主试者的要求产生声、光刺激节拍，即以两次光（或声）之间的时间间隔作为刺激变量。它可用调整法测量对声、光节拍的估计误差，也可用恒定刺激法测量被试者对声、光节奏反应的差别阈限，还可以控制被试按一定节奏进行时间知觉训练，同时能作为简单的节拍器，发出不同节拍的声光信号。

实验中，声音和光的节拍频率相同，范围为 40~255 次/min；声和光持续时间均为 180ms，声音大小可调；声、光节拍可单独呈现，也可同时呈现。输出脉冲频率范围为 1~255 次/min，输出负脉冲，脉冲宽为 180ms。

BD-Ⅱ-121 型时间知觉测试仪主试面板结构如图 3-4-1 所示。主试面板各键的使用功能介绍如下：

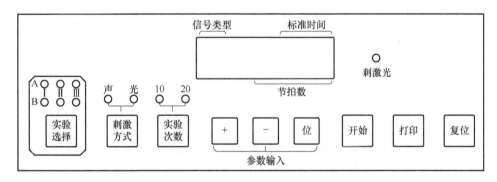

图 3-4-1　BD-Ⅱ-121 型时间知觉测试仪主试面板结构

实验选择框：重复按<实验选择>键，选择实验种类，分别对实验 1、实验 2（见 3.4.3 节介绍）测试。

刺激方式框：重复按<刺激方式>键，可选择"声""光"或"声+光"的实验刺激方式测试。

参数输入框：按<位>键改变参数显示的闪动位置，从左起顺序为（百、十、个）位。

<+>键：每按 1 次此键，闪动的参数位加 1。

<->键：每按 1 次此键，闪动的参数位减 1。

<复位>键：开机或换新测试内容时用，一组实验未完不得按此键。

<显示>键：实验结束，按此键查看测试结果。

<打印>键：当测试全部完成，按此键打印测试结果。

<开始>键：按此键实验开始。

音量控制旋钮：实验前由主试调整合适音量。

光指示灯：供主试观看光刺激节拍。

2. 实验器材

采用 BD-Ⅱ-121 时间知觉测试仪。

1）设有 6 种实验功能，分成两大类：实验 A 类是时间长短复制法实验，实验 B 类是节拍快慢调整法与恒定刺激法测定节奏差别阈限实验。

2）刺激方式：声、光刺激可单独或同时呈现；声光刺激闪烁频率相同，范围为 1~255 次/min；声和光持续时间均为 180ms。

3）实验次数：除实验类型确定次数固定、不限外，可选 10 次或 20 次。

3.4.3　实验步骤

1. 实验 1

（1）准备

接通电源开头，按<复位>键。主试按<实验选择>键，使"A"灯亮，按照实验数据表要求按亮相应的刺激方式的灯。实验数据输入方式用输入参数框中的 3 个键（<位><+><->键）完成。首先输入实验组的次数"10"，再输入第 1 组的标准节拍数和比较节拍数，从第 1 组到第 10 组全部输入。

（2）测试

1）被试听声音（或注视光源）刺激，主试按<启动>键，仪器蜂鸣 2s 后，第 1 组标准节拍刺激呈现 3 次，隔 1s 自动连续呈现比较刺激节拍。

2）被试对比较节拍与标准节拍进行比较后做出判断。若比较节拍比标准节拍快（短），可连续按动小键盘的<->键；反之，按<+>键，直到被试感到比较节拍与标准节拍相同时按<回车>键，节拍刺激停止。此时参数窗口中显示的数字为被试测试的第 1 组绝对误差，将其数值填入第 1 组判断误差表。

3）第 1 组实验做完 3s 后，自动呈现第 2 组实验的标准节拍 3 次，1s 后连续呈现比较节拍，被试做出判断。依此类推，直到第 10 组实验全部完成，仪器发出长蜂鸣声，实验结束。

4）实验结束后，序号、参数窗口自动按顺序呈现本次实验结果。当序号为"11"时参数窗口显示的数控为结果平均误差；当序号为"12"时，为偏低次数，序号为"13"时为偏高次数；再次显示实验结果需要按<显示>键，将测试结果填入表中。

5）若要更换被试，只需要主试按<启动>键，实验重新开始。当更换实验数据时主试才能按<复位>键。

2. 实验 2

（1）准备

按<实验选择>键，使"B"灯亮，按照实验数据表要求，按亮相应的<刺激方式>键的灯。实验数据输入方式用输入参数框中的 3 个键（<位><+><->）完成。首先输入标准节拍"60"，再按顺序依次输入变异节拍数。

（2）测试

1）被试听声音（或注视光源）刺激，主试按<启动>键，仪器蜂鸣 2s 后，第 1 组标准节拍呈现 3 次，隔 1s 自动连续呈现变异节拍。

2）被试对变异节拍与初始节拍进行比较后做出判断。若变异节拍比初始节拍快（短）按小键盘的<+>键，参数窗口显示"999"；反之，按<->键，参数窗口显示"111"。若变异节拍与初始节拍相同，按<回车>键，参数窗口显示"000"，当被试判断错误时，参数窗口显示灯灭。

3）主试从第 1 组测试开始跟踪记录初始节拍、变异节拍、参数显示。第 1 组实验做完 3s 后，自动呈现 3 次第 2 组实验的初始节拍，1s 后连续呈现变异节拍，被试按方法做出判断。

4）主试按照实验表格所列要求更换刺激方式，揭示被试注意刺激方式的改变。依此类推，直到组实验全部完成，仪器发出长蜂鸣声，实验结束。

5）更换被试按<复位>键重新置数。

3.4.4　实验结果及报告要求

1. 实验 1 的数据记录

实验 1 的结果分别记入表 3-4-1 和表 3-4-2。

表 3-4-1　实验 1 结果记录表 1

组数	每次标准节拍数/min	每次比较节拍数/min	判断误差（声、光刺激同时呈现）
1	100	115	
2	120	130	
3	130	135	
4	210	200	
5	220	215	
6	250	243	
7	180	188	
8	195	206	
9	230	222	
10	210	203	

声、光：结果平均误差 AE(11)=

偏低次数 LT(12)=　　　　　　　　偏高次数 HT(13)=

表 3-4-2　实验 1 结果记录表 2

组数	每次标准节拍数/min	每次比较节拍数/min	判断误差	
			声刺激	光刺激
1	40	50		
2	60	65		
3	82	75		
4	55	45		
5	90	95		
6	105	111		
7	30	39		
8	42	50		
9	77	67		
10	90	92		
声:结果平均误差 AE(11)=　　　　　　光:结果平均误差 AE(11)=			偏低次数 LT(12)=　　　　偏高次数 HT(13)=	偏低次数 LT(12)=　　　　偏高次数 HT(13)=

2. 实验 2 的数据记录

实验 2 的结果分别记入表 3-4-3 和表 3-4-4。

表 3-4-3　光刺激实验结果记录表

每次标准节拍数/min		60		
每次变异节拍数/min		45　　55　　60　　65　　75　　80　　90		
组数	每次初始节拍数/min	每次变异节拍数/min		参数显示
1				
2				
3				
4				
5				
6				
7				
8				
9				
10				
11				
12				
13				
14				
15				

（续）

组数	每次初始节拍数/min	每次变异节拍数/min	参数显示
16			
17			
18			
19			
20			
21			
22			
23			
24			
25			

准确率=正确次数/25=

表 3-4-4　声刺激实验结果记录表

组数	每次初始节拍数/min	每次变异节拍数/min	参数显示
1			
2			
3			
4			
5			
6			
7			
8			
9			
10			
11			
12			
13			
14			
15			
16			
17			
18			
19			
20			
21			

（续）

组数	每次初始节拍数/min	每次变异节拍数/min	参数显示
22			
23			
24			
25			

准确率＝正确次数/25＝

3.4.5 注意事项

1）按照实验大纲的要求操作，爱护实验仪器，要轻拿轻放，防止磕碰及损坏。

2）实验结束后，要将所有仪器设备放置整齐以备后用。

3.4.6 思考题

1）实验过程中声、光刺激对时间知觉的准确性是否有影响？哪种刺激的时间知觉更准？

2）在实际生活中哪些情景中能够体现人对时间知觉的特性？举例说明。

3.5 错觉实验

3.5.1 实验目的

本实验的目的是认识视错觉现象，证实缪勒-莱伊尔视错觉现象的存在和研究错觉量的大小。

3.5.2 实验原理与器材

1. 实验原理

错觉是在特定条件下，对客观事物所产生的带有某种倾向的歪曲知觉，它是必然产生的。错觉在人的心理活动中不可避免，当产生错觉的条件存在时，每个人都会出现错觉，只是错觉量的大小存在个体差异。所以它并不是心理上的一种缺陷。

错觉的种类很多，但最常见、应用最广的是几何图形视错觉。视错觉就是当人观察物体时，基于经验主义或不当的参照形成的错误的判断和感知。实验应用并验证缪勒-莱伊尔视错觉现象，将两条等长的线段中的一条两端画着箭头，另一条两端画着箭尾，看起来前者比后者短。这是由于人的知觉整体性引起的错觉。

2. 实验器材

采用 BD-Ⅱ-113 型错觉实验仪。

主要参数：错觉实验仪的线段总长度为 200mm；箭头线与箭尾线长度可调，范围±20mm；

箭羽长度为 25mm；箭羽线夹角分别为：30°、45°、60°。

3.5.3 实验步骤

1）仪器有三种不同箭羽线夹角的线段，实验时选择一种，其余的两种用挡板挡住。

2）仪器直立于桌面，被试位于距仪器 1m 以外，平视仪器的测试面。主试移动仪器上方的拨杆，即调整线段中间箭羽线的活动板，使被试感觉到中间箭羽线左右两端的线段长度相等为止。可以验证箭头线与箭尾线的长度错觉现象，并读出错觉量值。

3）选择另一种箭羽线夹角的线段，重新测试其错觉量值，并比较不同条件即不同箭羽线夹角对错觉量的影响。

3.5.4 实验结果及报告要求

将实验结果记入表 3-5-1。

表 3-5-1 长度错觉偏移量

箭羽为 30°的偏差值/mm		箭羽为 45°的偏差值/mm		箭羽为 60°的偏差值/mm	
左偏		左偏		左偏	
右偏		右偏		右偏	

3.5.5 注意事项

1）被试者位于距仪器 1m 以外。

2）被试者平视仪器的测试面。

3.5.6 思考题

1）举例说明生活中产生视错觉的例子。

2）分析视错觉对哪些职业或情景有影响。

3.6 注意力与认知训练实验

3.6.1 实验目的

人们的一切看得见的活动（走路、说话等）是受大脑支配的，同时，人体的一切看不见的活动（细胞的生长、代谢等）也受大脑支配。同理，人的任何情感活动，如思考、感受、行动都离不开大脑的支配，都与大脑每时每刻的状态和功能密切相关。因此，可以说对大脑的研究是探知人们心理领域的最佳辅助手段。通过对大脑活动所产生的脑电波信号的采集和分析，实时给出被试者的多项心理状态参数，依据生物反馈原理，采用游戏、音乐、图像等多种方式进行训练，可以起到消除焦虑紧张情绪，实现身心健康等的作用。

本实验的目的如下：

1）通过注意力与认知训练系统的测试，可以测试出不同被试者的注意力水平。认识到经过反复训练可以提高注意力。

2）结合古文《纪昌学射》的故事，了解我国古人已经掌握了注意力训练的规律，提高文化自信和民族自豪感。

3.6.2 实验原理与器材

1. 实验原理

脑电波生物电现象是生命活动的基本特征之一。人类在进行思维活动时在大脑产生的生物电信号就是脑电波，这些脑电波可以通过放置在头皮的传感器来进行测量和研究。20世纪以来，通过对脑电波的研究，人们在很大程度上增加了对于大脑的认识。人的大脑无时无刻不在产生脑电波。这些自发的生物电信号的频率变动范围通常在 0.1~50Hz，根据其频率不同，可划分为 Delta 波、Theta 波、Alpha 波、Beta 波、Gamma 波等多种类。对原始脑电波信号进行处理后，再计算可得到量化的 eSense 参数值。

参数"eSense 专注度参数"指示了使用者当前的"专注度"或"专心度"，该参数反映了使用者当前的注意力集中程度。心烦意乱、精神恍惚、注意力不集中以及焦虑等精神状态都将降低专注度参数的数值。

"eSense 放松度参数"指示了使用者当前的"平静度"或者"放松度"。放松度反映的是使用者的精神状态，而不是其身体状态，所以，简单地进行全身肌肉放松并不能快速地提高放松度水平。然而，对大多数人来说，在正常的环境下，进行身体放松通常有助于精神状态的放松。

eSense 参数以 1~100 的具体数值，用来指示用户的专注度水平和放松度水平。数值在 40~60 范围内表示此刻该项参数的值处于中间范围，这一数值范围似于常规脑电波测量技术中确定的"基线"（但是 ThinkGear 的基线测定方法是自有的专利技术，与常规脑电波的基线测定方法不同）。数值在 60~80 范围内表示此刻该项参数的值处于"较高值区"。数值在 80~100 范围内表示处于"高值区"。它表示专注度或放松度达到了非常高的水平，即处于非常专注的状态或者是非常放松的状态。同理，如果数值在 20~40，则表示此时的 eSense 参数水平处于"较低值区"，数值在 1~20 则意味着处于"低值区"。eSense 参数处于这两个区域则被试者的精神状态表现为不同程度的心烦意乱、焦躁不安、行为反常等。

2. 实验器材

采用注意力与认知训练系统软件 XZT-BⅡ。"注意力与认知训练系统"是一款基于生物反馈原理的高科技心理训练及测评系统（图 3-6-1）。

采用美国 NeuroSky 便携式脑波设备作为前端脑电测量设备，可实时获取被试者的脑电数据以及反映被试者心理状态的多项参数值。

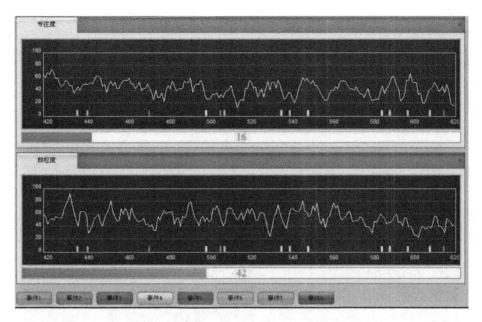

图 3-6-1 注意力与认知训练系统界面示意图

3.6.3 实验步骤

1. 启动专业版

1）如果使用 MindSet 或 MindBand 作为脑电测量设备，在使用之前要确认设备已和计算机进行了正确的蓝牙配对，并已打开设备电源及启用蓝牙。

2）如果使用 MindWave 作为脑波测量设备，在使用之前请确认设备已和计算机进行了正确配置，并已打开设备电源。目前，注意力与认知训练系统的版本为 2.0，安装成功后即可启动软件。

2. 登录

输入用户名和密码，单击"登录"按钮即可登录系统。单击"退出"按钮，可退出系统。

注意：初次安装后，只有一个管理员账号，用户名为"Admin"，初始密码为"admin"。在以管理员身份登录后，可通过用户管理功能创建新用户。在登录窗口可显示当前用户列表：当前用户列表用于快速选择用户。列表中显示系统中所有用户的登录名称，双击某用户名即可在返回登录窗口并在用户名输入框中自动输入该用户名。

主菜单系统启动后进入主菜单界面，主菜单有 8 个功能按钮："参数监测"按钮用于进入监测中心界面，"数据分析"按钮用于进入数据中心界面，"注意力训练"按钮用于进入注意力训练界面，"放松训练"按钮用于进入放松训练界面，"用户管理"按钮用于进入用户管理界面，"系统设置"按钮用于显示系设置对话框，"帮助"按钮用于显示软件版本信息和查看帮助文档，"退出"按钮用于退出软件。

3. 测试

佩戴好脑电波测量设备，选择注意力测试方式，开始测试。

4. 查看测试数据结果

测试完成后，在系统中查看测试数据结果。

3.6.4　实验结果及报告要求

1）数据记录。列表中列出了历次测试和训练的数据。列表中的记录信息依次为：训练日期、训练项目、开始时间、训练时长、专注度指数、放松度指数、训练得分、描述。

2）功能按钮区。屏幕下方为功能按钮区，提供"打开记录""删除记录""刷新列表"3个功能按钮。

3）注意力测试数据结果如图3-6-2所示。

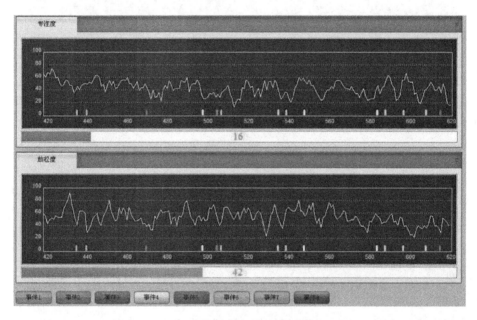

图3-6-2　注意力测试数据结果

3.6.5　注意事项

脑电波测试设备的圆形金属片需要与被测者额头紧密贴合，不能松动。

3.6.6　思考题

1）注意力实验在哪些职业适应性选择中特别需要？

2）通过训练，能否提高人的注意力水平？

3）《列子·汤问》记载了关于《纪昌学射》的故事。请查阅文献，了解该故事的主要内容，并根据故事总结注意力训练的规律。

3.7 注意分配实验

3.7.1 实验目的

注意分配是指在同一时间内，把注意指向不同的对象，同时从事几种不同活动的现象。边听讲边做笔记、自弹自唱等都是注意分配的例子。注意分配是有条件的，需要训练和培养，不是想分配就能分配的。注意分配是注意的特征之一。本实验目的如下：

1）操作注意分配仪，验证注意分配的可能性与条件，可用于研究动作、学习的进程和疲劳现象。

2）通过实验认识到不同个体注意分配能力的强弱不同，培养作为未来安全工程师的责任感，树立尊重科学规律、严谨负责的职业道德观；培养踏实诚恳、耐心专注的工匠精神。

3.7.2 实验原理与器材

1. 实验原理

注意的分配是指在同一时间内，把注意分配到两种或两种以上的对象或动作上的能力。例如，在日常工作中如机动车驾驶员开车要注意来往车辆、行人及路况，又得掌握好手中的方向盘及控制好油门、制动（刹车）及排档；学生听课既要听讲又要做好笔记。实践证明人是可以"一心二用"的。古人早就意识到注意分配能力的重要性。明代许仲琳撰写的《封神演义》有提到"为将之道：身临战场，务要眼观四处，耳听八方"。

研究注意分配的常用方法是双作业操作。例如，用双手调节器，右手操作探头上下方向的移动，左手操作探头左右方向的移动，双手合作完成轨迹的运动，以反映注意的分配能力。又如，口数连续加1的数，手写连续加3的数（见杨博民"注意分配"实验）。通过统计其工作效率，分析注意分配能力。注意分配的条件主要取决于是否具有熟练的技能技巧，即同时进行的各种活动，只能有一种是生疏的，需要集中注意，成为注意的中心，而其余的动作，则必须已事先达到一定的熟练程度，在进行注意分配时只要稍加留意或处于注意的边缘就行。

2. 实验器材

采用 BD-Ⅱ-314 注意分配仪。

根据实验所需，主试者按控制键确定内容、次数及方式，则计算机按控制软件所确定的顺序呈现刺激。被试者根据刺激按对应的反应键，反应信号经整形送入计算机，经正误判别、时间统计，实验结果经锁存、驱动，最终由数码管显示。

（1）仪器组成

操作面板上设有8路光刺激和对应8路反应键。

操作面板上设有3路声刺激和对应3路反应键。

操作面板上有6位数码显示。

（2）功能设置

声、光、声/光，以及实验次数。

（3）技术参数

1）最大计时时间：9999s。

2）设置次数范围：10、20、40、50 次。

3）正确次数显示范围：0~99 次。

（4）使用方法

1）<定时>键：主试者按此键设置每组实验时间，1~9 分钟分为九档，数码形式显示于此键上方。

2）<方式>键：选择工作方式，具体功能见表 3-7-1，数码形式显示于此键上方。

表 3-7-1 BD-Ⅱ-314 注意分配仪功能

方式	功　　能
0	自检方式，此方式时可试音，试光，即检查仪器好坏，也可让被试熟悉低、中、高三种声调。
1	中、高二声反应方式
2	低、中、高三声反应方式
3	光反应方式
4	二声+光反应方式
5	三声+光反应方式
6	测定 Q 值，二声反应、光反应、二声+光反应三项实验连续进行
7	测定 Q 值，三声反应、光反应、三声+光反应三项实验连续进行

3）<次数>键：实验结束后，选择显示的次数为正确次数或错误次数，其键上方的相应指示灯亮。

3.7.3 实验步骤

1）根据实验需求，按使用方法第 1）、2）、3）项所述设置参数。

2）主试者设定方式为"0"，按<启动>键，开始自检，检测仪器是否正常。

3）实验指导语；测试注意分配的实验按 3 个阶段进行：

第 1 阶段是呈现光刺激，面板上有 8 个灯将会随机呈现，哪个灯亮，就按对应的按键。手离开按键后，稍等片刻后会随机呈现光刺激，这时被试者再做反应，直至完成设置的次数。

第 2 阶段是呈现声刺激，仪器内有高、中、低音将会随机呈现，哪种声响，被试者就按对应的按键。手离开按键后，稍等片刻后会随机呈现声刺激，这时被试者再做反应，直至完成设置的次数。

第 3 阶段是同时呈现声/光刺激，面板上 8 个灯将会随机呈现的，同时将会随机呈现高、中、低音。哪个灯亮，被试者就按对应的键，哪种声音响被试者就按对应的按键。手离开按键后，稍等片刻后会随机呈现刺激，这时被试者再做反应，直至完成设置的次数。

4）被试在理解指导语后，主试者按指导语的三个阶段分别设置参数，按<启动>键开始实验。

5）每阶段实验结束后，主试者按<显示>键记录实验结果。

3.7.4　实验结果及报告要求

1）统计被试 3 个阶段的所用时间、正确次数，记入表 3-7-2。

表 3-7-2　实验结果记录表

项　　目	第一阶段（光刺激）	第二阶段（声刺激）	第三阶段（声/光刺激）
完成任务所用时间/s			
整个过程出错次数（次）			

2）统计被试者在 3 个阶段中的工作效率（平均时间＝所用时间/正确次数）。

3）计算注意分配值。

3.7.5　注意事项

正式实验前允许被试者熟悉实验方式，尝试做几次测试。

3.7.6　思考题

1）根据测试结果，分析说明影响注意分配的条件及注意分配的可能性。

2）分析注意分配的个体差异。

3.8 注意力集中实验

3.8.1　实验目的

注意力集中是指注意能较长时间集中于一定的对象，而没有松弛或分散的现象。连续长时间的学习，常常会引起疲劳和效率的下降。本实验目的是通过测定不同跟踪对象在不同测试条件下的注意力集中能力，掌握用追踪仪研究动作学习的问题，比较间时学习和集中学习的效果。

3.8.2　实验原理与器材

1. 实验原理

采用可调换不同测试板、可调节不同转速并带有光源测试的转盘及附带的控制计时、计数的装置实验系统。转盘转动使测试板透明图案产生运动光斑，用测试棒追踪光斑，注意力集中能力的不同量将反映在追踪正确的时间及出错次数上。该系统由强磁铁将上下两层吸合在一起，打开上层盖并拧下测试板中央螺钉即可调换测试板。测试时，耳机中传出噪声，同时测试板的透明图案随着转动产生运动光斑，被试者在不同转速、不同时间及不同图案的条件下，用测试棒紧贴盘面追踪光斑进行测定。注意力集中能力将在追踪正确的时间及出错次数上反映。

2. 实验器材

采用 BD-Ⅱ-310 型注意力集中能力测定仪。

主要技术参数：

1）定时时间范围：1~9999s。

2）正确、失败时间范围：0~9999.999s，精度为 1ms。

3）最大失败次数：999 次。

4）测试盘转速：10、20、30、40、50、60、70、80、90r/min，共 9 档。

5）测试盘转向为顺时针或逆时针。

6）测试板：3 块，可方便调换，图案分别为圆点、等腰三角形、正方形。

7）干扰源：喇叭或耳机噪声，音量可调。

3.8.3 实验步骤

1. 准备

将测试棒、耳机与主机连接好并接通电源（日光灯亮），转速显示 0，电机停止转动。被试者戴上耳机调节音量使其噪声适中。实验前不允许练习，实验时集中注意力尽量做好。

2. 测试

1）主试者根据实验数据表要求按动主机面板<-><+>键确定测试时间。按<转速>键（转速显示加 1，即转速增加 10r/min，超过 90r/min，自动回"0"）确定测试转速。按<转向>键确定"正""反"转向。当转盘正在转动时，每按一次<转向>键，转盘变化一次转动方向。若测定注意力集中能力，则选择慢速，减少动作协调能力的影响。

2）被试将测试棒垂直地与追踪光斑目标接触，主试按<测试>键，此时喇叭或耳机发出噪声，实验开始。被试追踪光斑目标时要尽量将测试棒停留在运动的光斑目标上，以测试棒停留时间作为注意力集中能力的指标。

3）实验结束则<测试>键左上角的指示灯灭，主试将实验数据记录表中。若换被试继续进行测试，应按<复位>键。

3.8.4 实验结果及报告要求

测试不同条件下的注意力集中能力，将结果记入表 3-8-1~表 3-8-6。

表 3-8-1　实验结果记录表——改变时间 1

目标	圆点	转速/（r/min）	10	转向	正
		测试 1	测试 2	测试 3	平均值
定时时间/s		60	90	120	
成功时间/s					
失败次数（次）					

表 3-8-2 实验结果记录表——改变时间 2

目标	圆点	转速/(r/min)	10	转向	反
		测试 1	测试 2	测试 3	平均值
定时时间/s		60	90	120	
成功时间/s					
失败次数（次）					

表 3-8-3 实验结果记录表——改变转速

目标	圆点	测试时间/s	120s	转向	正
		1	2		3
转速/(r/min)					
成功时间/s					
失败次数（次）					

表 3-8-4 实验结果记录表——改变测试目标

转速/(r/min)	30	测试时间/s	60s	转向	正
		四边形		三角形	
成功时间/s					
失败次数（次）					

表 3-8-5 用不同的学习方式实验结果记录表——集中学习

目 标	圆 点	转速/(r/min)	10
转向	正	定时时间/s	60
测试 6 次，每次不休息			
成功时间/s			
失败次数（次）			

表 3-8-6 用不同的学习方式实验结果记录表——间时学习

目 标	圆 点	转速/(r/min)	10
转向	正	定时时间/s	60
测试 6 次（第 2 次测试后休息 2min，第 4 次测试后休息 5min）			
成功时间/s			
失败次数（次）			

3.8.5 注意事项

1）工作时室内光线不宜太强。

2）测试棒接触靶用力不宜过大。

3）按<转速>键提升速度，如按动过快，会不响应；按<转向>或<复位>键，转速需慢慢达到指定的转速，这过程中按其他键都不响应。

4）不宜用紫外光源照射。

5）实验完毕，必须切断电源。

6）如仪器的正面玻璃在运输过程中破碎，可按下面办法修复：

① 裁一块普通平板玻璃（厚3mm），尺寸为295mm×295mm，注意尺寸要准确。

② 把碎玻璃清理干净，进行此工作时要小心，不要划破手。

③ 拆下玻璃边框压条。

④ 装入玻璃及铁板，黑色铁板为衬。

⑤ 重新固定玻璃压条。

3.8.6 思考题

1）人的注意力集中能力受哪些因素的干扰？

2）分析不同人的注意力集中能力的差异。

3.9 手指灵活性实验

3.9.1 实验目的

手指灵活性实验是一类动作技能类实验。本实验目的如下：

1）测定手指与手指尖的灵活性。

2）测定被测者手指灵活性的同时，测定手和眼的协调能力。

3）培养学生辩证唯物主义的实践观：实践是检验认识的真理性的唯一标准；培养学生勤于实践、乐于实践的工匠精神。

3.9.2 实验原理与器材

1. 实验原理

本实验主要测试手指的灵活性和手指尖的灵活性。

手指灵活性测定的常用方法是：被试者用一把镊子，把数十根金属针分别插入一块具有数十只小孔的板内。以完成任务所用时间作为检测的指标。

手指尖灵活性测定的常用方法是：进行安装或拆卸螺帽的操作，通常是在一块板上装有数十根不同尺寸的螺栓，被试者的任务就是装上垫片再旋上螺帽，或者将旋有螺帽的螺栓旋下螺帽。以完成任务所用时间作为检测的指标。

上述测定方法也是本实验所用的手指灵活性测试仪的工作方案，仪器中配置了精确统计时间的计时器、并精选了螺栓的品种及数量，使其更趋实用，实验也更为方便。

2. 实验器材

DB-Ⅱ-601手指灵活性测试仪。

（1）设备组成

设备包括机箱（有6位计时器、附件盒及配件接插口）、手指灵活测试配件插板、手指尖灵活测试配件插板等。

（2）技术参数

1）计时范围：0~9999.99s。

2）手指灵活性测试量：100 个孔。

3）手指尖灵活性测试量：M6、M5、M4、M3 螺栓各 25 个。

3.9.3 实验步骤

将手指灵活性操作部件的第 1 根插针插入左上方孔，当其信号经整形送入计算机时，开始计时，在最后 1 根插针（即第 25 根）插入右下方孔的信号经整形送入计算机时，停止计时，所用时间经锁存、驱动，以数码显示。

1. 手指灵活性测试

1）将手指灵活性测试板（上有 100 个小孔）插入机箱。打开附件盒，露出插针盒。

2）接通电源，被试者用手握住镊子，坐在测试板前。

3）实验指导语：手指灵活测试板上有 100 个孔，插针盒里有 100 根插针，被试者的任务是用镊子将盒中的插针插入孔中。插入的顺序是从左至右、从上至下，即第 1 根插在第 1 排的最左边的孔，第 2 根插在第 1 排的从左数第 2 个孔，依此类推，第 100 根插在最后 1 排最右边的孔。要求插得快并要插到位，即插到底。

4）被试者理解指导语后，即可操作实验。当第 1 根插针插入第 1 排最左边的孔时，仪器内的计时器开始计时；当最后 1 根插入最后 1 排最右边的孔时，停止计时。显示被试完成任务所用时间。

5）主试者记录实验结果。

手指灵活性测试要按利手和非利手分别进行，具体步骤相同，如上所述。

2. 手指尖灵活性测试

1）将手指尖灵活性测试板（上有 100 个螺栓）插入机箱。打开附件盒，露出螺帽盒。

2）接通电源，被试坐在测试板前。

3）实验指导语如下：这是一个测量手指尖灵活性的实验。你面前的手指尖灵活测试板上有 100 个螺栓，附件盒里有 100 个不同规格的螺帽，你的任务是用手将盒中的螺帽拧入对应的螺栓中。拧入的顺序是从左至右，从上至下，即第 1 个螺帽拧在第 1 排的最左边的 1 个螺栓上，第 2 个螺帽拧在第 1 排的从左数第 2 个螺栓上，以此类推，第 100 个螺帽拧在最后 1 排最右边的 1 个螺栓上。要求拧得快并拧到位，即拧到底。

4）被试理解指导语后，即可操作实验。当第 1 个螺帽拧入第 1 排最左边的 1 个螺栓时，仪器内计时器开始计时，当最后 1 个螺帽拧入最后 1 排最右边的 1 个螺栓时，停止计时。显示被试完成任务所用时间。

5）主试记录实验结果。

3.9.4 实验结果及报告要求

1）整理利手、非利手的手指灵活性和手指尖灵活性的测试实验结果，记入表 3-9-1 和

表 3-9-2。

表 3-9-1 手指灵活性测试记录表

实 验 次 数	镊子操作时间/s	利手时间/s	非利手时间/s
1			
2		.	
3			
4			
5			

表 3-9-2 手指尖灵活性测试记录表

实 验 次 数	右手时间/s	左手时间/s
1		
2		
3		
4		
5		

2）绘制测试结果柱状图，并分析手指灵活性规律。

3.9.5 注意事项

1）插针要插到底，如有插针掉落现象，要及时纠正。

2）插入最后 1 排最右边的孔时，停止计时，如果还有空隙，请不要插结束计时位置的插针。

3）插针全过程都需要精细操作，一次实验需要 200~400s 时长不等，完成全部实验（3 次插针过程）的难度较大，部分同学会中途放弃或想投机取巧快速操作。一定要杜绝这种想法和做法。联系人机工程学的相关理论与方法，可以认识到，只有通过反复的实践才能深入了解与掌握人与机之间的关系，最终研制出符合人机工程学的设备、产品。

3.9.6 思考题

1）根据实验结果分析利手与非利手的差异。

2）根据实验结果绘制的柱状图，分析手指及手指尖动作技能形成的进程及趋势。

3）手指灵活性与性别、年龄有关系吗？

3.10 │ 双手调节实验

3.10.1 实验目的

操作竖针完成沿图形轨迹的运动，记录离开轨道的次数，以此判定双手的协调能力、双手分配能力；学习改变手眼协调条件的方法，研究动作学习中的双手协调能力。

3.10.2 实验原理与器材

1. 实验原理

被试者两只手各持一个摇把,协调控制竖针在金属板上按挖空的图形轨迹运动,不允许触碰金属边缘;若接触到金属边缘,则记录出错次数。实验对两种图形分别测试,测试过程记录时间及出错次数,完成时间越短及出错次数越少,说明两手动作协调能力越好。

实验采用两种测试方法:①固定测试时间,完成测试曲线的要求;②不固定测试时间,完成测试曲线的要求。

2. 实验器材

采用 BD-Ⅱ-302 型双手调节器。

双手调节器包括 2 个摇把和类似于铅笔的竖针 1 根(竖针移动范围为 150mm×40mm)、计时计数器 1 个、图案不同的测试板 2 块。仪器各部分均安装在 1 个金属三脚架上。计时计数器记录实验时间与失败次数。

3.10.3 实验步骤

1. 准备

接通电源,将仪器上的竖针放在要求描绘图形的一端。

2. 测试

主试者将计时计数器的时间设置好后按<启动>键开始测试,或直接按<启动>键开始测试。

被试者操作摇把从图案的一端描绘到另一端,不得接触图案的边缘。若被试者用以描绘的针碰到边缘,记录 1 次错误。

描绘一个完整的图形后,主试者再次按<启动>键停止计时。

3.10.4 实验结果及报告要求

将实验结果记入表 3-10-1。

表 **3-10-1** 实验结果记录表

对称曲线图形			WM 曲线图形		
实验次数	完成时间/min	出错次数(次)	实验次数	完成时间/min	出错次数(次)
1			1		
2			2		

3.10.5 注意事项

1)爱护实验仪器,轻拿轻放,防止磕碰、损坏。

2)实验结束后,要将仪器设备放置整齐,以备后用。

3.10.6 思考题

1）哪些工作岗位对双手调节能力要求较高？你认为可以用本实验筛选职业适应性人员吗？

2）双手协调能力是否可以通过锻炼提高？

3）双手协调能力有哪些影响因素（例如性别、年龄、特长）？

3.11 记忆广度实验

3.11.1 实验目的

记忆广度实验是一类学习记忆类实验，本实验的目的如下：

1）学习用回忆法测定短时记忆的广度。

2）了解短时记忆的特点和提取机制。

3）通过认识不同人记忆能力的差别，培养学生未来作为安全工程师所需的尊重科学规律、严谨负责的职业道德观。

3.11.2 实验原理与器材

1. 实验原理

人的记忆力存在差异。同时，好的记忆力是可以依靠后天训练而成的。

记忆广度是测定短时记忆能力的一种最简单易行的方法，可测试人的记忆特性、记忆的容量。实验的刺激可以是视觉的，也可以是听觉的；呈现的刺激可以是字母，也可以是数字。

以数字记忆广度为例，按照固定顺序逐一呈现一系列刺激，若被试者能够立刻再现刺激系列的长度，且再现的结果必须符合原来呈现顺序才算正确。实验要求完成两套从 3~16 位的数字编码的测试。每套编码中相同位数的 4 个数组成为 1 个位级，14 个位组为 1 套编码，数字从 0~9 随机组合。数字显示窗口从 3~16 位依次显示，每 1 位数字的显示时间为 0.7s。在标有"码 1、码 2"及"计分、计时"的面板上，当计分灯亮时，6 位数码显示计分和计位；计时灯亮时，6 位数码显示计时和计错。例如，"0202.00"表示基础位长为 2，基础分为 02.00 分。

实验结束分两种情况：

1）实验中被试者每答错 1 组数计错 1 次，如果连续答错 8 次，实验自动停止，发蜂鸣声提示。

2）当被试者记忆完成 14 个位组，实验结束，发蜂鸣声提示。

2. 实验器材

采用 BD-Ⅱ-407 型记忆广度测试仪。

记忆材料为数字 0~9 随机组合成 3~16 位数的位组，有两种编码方式；每个数字显示时间为 0.7s；6 位数码管显示测试结果，自动记分、记位；应答方式有顺答、逆答两种。

3.11.3 实验步骤

1. 准备

接通电源，数码显示 0202.00。码 1 灯、计分灯亮，此时对编码 1 进行测试。

2. 测试

1）被试者手持键盘按<＊>键，显示窗口自动提取一个 3 位数组，当键盘上绿色指示灯亮后，被试者按呈现的顺序按动键盘上相应的数字键回答，回答正确计 0.25 分；被试者再按<＊>键，接着提取下一个数组再次回答。如 4 个数组都答对计 1 分，位长加 1；如果答错，答错灯亮并发蜂鸣声提示，计错 1 次。若被试者记不住显示的数字，可按任意数字键，发蜂鸣声提示出错，再按<＊>键，继续提取下一组数码。如此循环，当听到长蜂鸣声时测试结束，主试者按<停蜂鸣>键，改变显示键状态，记录被试者测试结果。

2）按<复位>键测试重新开始，将码 2 灯按亮，对编码 2 进行测试。

3）在测试过程中，主试者也可随时更换码 1 和码 2。改变编码键状态后，再按<＊>键，将按照新的编码测试。

3.11.4 实验结果及报告要求

实验数据记入表 3-11-1。

表 3-11-1 记忆广度测试数据记录表

编　码	位　　数	时间/min	分　数	出 错 次 数
码 1				
码 2				

3.11.5 注意事项

正式实验前，允许被试者熟悉实验方式，尝试做几次测试。

3.11.6 思考题

1）根据实验数据，说明短时记忆的特点。

2）一个人的记忆广度能作为衡量其记忆能力的指标吗？为什么？

3）测试分析在数字识记过程中采用什么策略可以增加记忆广度？

3.12 迷宫实验

3.12.1 实验目的

1）研究运动学习的特点和一般的学习进程，比较学习速度和所犯错误次数的个体差异。

2）以"九宫八卦阵"为例，了解我国古人设计的变幻莫测的迷宫，提高学生的民族自豪感。

3.12.2 实验原理与器材

1. 实验原理

被试从迷宫初始位置经过通路、转折、支路和盲巷，到达终点。从起点到终点只有一条通路，要求被试以最快的速度和最少的错误达到终点。

2. 实验器材

采用 BD-Ⅱ-401A 型迷宫实验仪及测试棒。

迷宫实验仪是一个具有 20 个盲巷的方形迷宫，其外设铝合金箱尺寸为 290mm×300mm×80mm。迷宫的起点与终点位置有光电开关，能自动开始、停止计时。迷宫与计时计数器为一体结构。测试棒到达盲巷能自动记录失败次数。

3.12.3 实验步骤

1）被试在排除视觉条件（如戴上遮眼罩）下，被试者手持测试棒在迷宫的通道中移动，以起点走到终点作为一次实验。测试棒进入盲巷，到达巷尾位置时，仪器将发出一短声作为提示，并记录错误次数 1 次；如多次连续在同一盲巷中移动，仅记错误次数 1 次。

2）被试手持测试棒进入"开始"位置，计时自动开始；测试棒进入"终点"位置，计时、计数自动停止，并发出长声。此时显示的数据分别表示实验进行的时间与错误次数。

3）实验时，测试棒应在迷宫的通道中连续移动且不得抬起离开通道，听到短声，应马上回退。

4）进行第 2 次实验时直接使测试棒进入"开始"位置，实验即可重新开始。

5）若要中途停止实验，可按<复位>键。

3.12.4 实验结果及报告要求

将实验结果记入表 3-12-1。

表 3-12-1　实验结果记录表

组次	1	2	3	4	5
时间/s					
错误次数（次）					

3.12.5 注意事项

1）被试者需要排除视觉条件，如戴上遮眼罩。

2）允许被试者试做几次尝试后再开始实验。

3.12.6　思考题

1) 迷宫实验的影响因素有哪些？

2) "九宫八卦阵"俗称"黄河九曲连"，是河南省南阳市社旗县陌陂乡一项独特的传统民间游艺活动。九宫八卦阵还是三国时诸葛亮创设的一种阵法。请查阅相关资料，自主学习九宫八卦阵的图例和阵法。

3.13 | 反应时间实验

3.13.1　实验目的

1) 通过实验了解视觉和听觉反应时间的测定方法，提高对实验数据的整体分析能力，掌握对声、光两种刺激反应时间的差别。

2) 学习测定视觉辨别反应时间、选择反应时间的方法，了解辨别反应时间、选择反应时间的特点及选择、辨别反应时间与简单反应时间的区别。

3.13.2　实验原理与器材

1. 实验原理

测量在声、光刺激下的下列 3 种反应时间。

（1）简单反应时间

呈现的刺激只有一个，要求被试者所做的反应只有一个。

（2）辨别反应时间

呈现的刺激不止一个，要求被试者只对其中一个刺激做一个固定的反应，而对其他刺激不做反应。

（3）选择反应时间

预备灯亮 2s 后刺激出现。不同颜色的光刺激随机自动呈现，对每个刺激要求被试分别做出相应的反应。

若反应错误或过早反应，则错误警告声响，并计出错次数，最大错误次数为 99 次。

反应休息间隔：选择反应时间、辨别反应时间的测定为 1.5s，简单反应时间的测定为 2~7s 随机变化。

实验最大反应次数 255 次。最大有效反应时间为 6.5535s，超过最大反应时间不再反应，并计出错 1 次。

2. 实验器材

采用 BD-Ⅱ-510A 型反应时测定仪。

仪器能测定简单反应时、辨别反应时、选择反应时。呈现红、绿、黄、蓝 4 种刺激光及声音，4 种不同颜色光出自刺激光箱中央的同一个孔。反应时间范围为 0.0001~9.9999s，由 5 位数字显示。

实验次数可设定为 20~90 次（每档 10 次）或者不限，最大反应次数为 255 次。最大有效反应时间 10s。

红、黄、绿、蓝 4 个触摸键组成被试者反应键盘。

3.13.3　实验步骤

1. 准备

将实验仪器与专用打印机连接好，打开电源开关，被试者面对刺激光源。

2. 测试

（1）简单反应时间测定

1）主试者按<方式>键，选择刺激方式（声音、红光、黄光、绿光、蓝光）对应的左侧指示灯亮。主试者按反应时间<简单>键，实验呈现刺激。被试者注视刺激光源，光源上方有预备信号灯，先亮预备灯，后亮刺激灯或发出声响。

2）被试者见到给出的刺激光源或听到声响后立即按红色键做出反应，此时反应时间窗口呈现该次的反应时间。若在预备灯亮时按下反应键过早反应，仪器发出响声提示，松开后声响停止。若在 6.5535s 内没有正确反应，记出错 1 次。

3）每次呈现刺激时，反应时间窗口显示此颜色的反应次数。反应错误时，显示错误次数。

4）完成 10 次实验后，按<打印>键打印数据：Simple time 表示简单反应时间、颜色，N 表示反应次数，Σ 表示反应时间累加值，AV 表示平均反应时间，ERR 表示出错次数。

（2）辨别反应时间测定

1）主试者按<方式>键，选择刺激方式（即所测试的颜色：红光、黄光、绿光、蓝光），对应的左侧指示灯亮。

2）主试按<辨别>反应时间键，实验呈现刺激。被试者见到给出的刺激光源后进行辨别，当出现所测颜色时，立即按相应颜色的键做出反应，其他的颜色不做反应。反应正确，反应时间窗口计时停止，并呈现出该次的反应时间。反应错误，发出声响或在 6.5535s 内没有正确反应，记出错 1 次，此时被试者应立即改正，改正后声响和计时停止，反应时窗口呈现该次的反应时间。

3）实验对每种被测颜色要求测试 10 次，步骤同（1）中的第 3）、4）项所述。

（3）选择反应时间测定

1）主试者按<选择>反应时间键，实验随机呈现红、黄、绿、蓝色刺激光源。每一种刺激颜色出现时，被试者立即按相应颜色的键做出反应，反应正确，反应时间窗口计时停止，呈现该次的反应时间；反应错误，发出声响或在 6.5535s 内没有正确反应，记出错 1 次，此时被试者应立即改正，改正后声响和计时停止，反应时间窗口呈现该次的反应时间。

2）实验对每种被测颜色要求测试 10 次，步骤同（1）中的第 3）、4）次所述。

3.13.4　实验结果及报告要求

将实验结果记入表 3-13-1。

表 3-13-1　实验结果记录表

	声音/不同颜色刺激光源	声音	红光	黄光	绿光	蓝光
简单反应时间	反应次数（次）	10				
	反应时间累加值/s					
	平均反应时间/s					
辨别反应时间	声音/不同颜色刺激光源	声音	红光	黄光	绿光	蓝光
	反应次数（次）	10				
	反应时间累加值/s					
	平均反应时间/s					
选择反应时间	声音/不同颜色刺激光源	声音	红光	黄光	绿光	蓝光
	反应次数（次）	每一种被测颜色均在 10 次以上				
	反应时间累加值/s					
	平均反应时间/s					

3.13.5　注意事项

注意观察预备灯，预备灯后亮刺激灯或发出声响。

3.13.6　思考题

1）举例说明反应时间实验的实际应用意义。

2）人的反应时间受哪些因素影响？

3）简单反应时间是否受练习的影响？请根据实验结果说明。

3.14 步态分析实验

3.14.1　实验目的

步态（Gait）是指人体步行时的姿态和行为特征，是人体通过髋、膝、踝、足趾的一系列连续活动，使身体沿着一定方向移动的过程。步态涉及行为习惯、职业、教育、年龄及性别等因素，也受到多种疾病的影响。正常步态具有稳定性、周期性和节律性、方向性、协调性以及个体差异性，然而，当人们存在疾病时，这些步态特征将有明显的变化。

步态分析（Gait Analysis）就是研究步行规律的检查方法。步态分析中，常用一些特殊参数来描述步态规律，这些步态参数通常包括以下几类：步态周期、运动学参数、动力学参数、肌电活动参数和能量代谢参数等。可穿戴式步态分析仪系统广泛应用于疏散科学研究、体育锻炼、医药卫生、康复医学领域，为平衡及跌倒风险评估、日常活动能力评估、精确的步态分析、康复效果评估等提供帮助，也用于科学实验、测试等。本实验的目的如下：

1）了解步态分析仪的用途。

2）学会使用步态分析仪进行专业的步态、功能参数测量和分析。

3）掌握步态分析仪的工作原理，能用步态分析仪设计实验进行拓展应用。

4）强化未来作为安全工程专师的社会责任感。

5）通过实验的开展过程加强团队协作能力，通过对实验结果的分析，强化竞争与协作意识，培养具有全局观、团队意识和纪律意识。

3.14.2 实验原理与器材

1. 实验原理

随着城市化进程的加快，人口快速聚集。事故灾害发生时，密集的人群会使应急疏散变得非常困难。研究人类应急行为中的确定性和随机性规律，深入挖掘密集恐慌人群的行动规律，对可能引发的拥挤甚至踩踏事件形成有效的预警和干预机制，对突发灾害后的人群疏散形成完善的硬件支持和高效的现场疏导策略具有重大意义，有助于尽量减少群体恐慌行为所造成的经济损失和人员伤亡，对改进现有的非常规突发事件应对策略具有十分重要的价值。

可穿戴式步态分析仪（IDEEA® Life Gait）能精确、连续 24h、自动、定量地分析和评估被试者真实活动、工作、休闲时的行走状况及能力。IDEEA 系统为目前使用的多种量表和简易步态测试法提供了评定标准，如威斯康星步态量表、蒂内蒂（Tinetti）步态评定、计时起立、步行测试（6min 自由行、50m 自由行）、起立-行走计时试验（TUG）、平衡测试等，同时对异常步态提供评估标准，如偏瘫步态、帕金森步态等。

（1）步态周期

人在行走过程中，从一侧足跟着地到该侧足跟再次着地所经历的时间称为一个步态周期。在一个步态周期中，每侧下肢都要经历一个离地腾空并向前迈步的摆动相（迈步相）和一个与地面接触并负重的站立相（支撑相）。摆动相是指从足尖离地到足跟着地，足部离开支撑面的时间，约占步态周期的 40%；站立相是指从足跟着地到足尖离地，即足部支撑面与地板接触的时间，约占步态周期的 60%。其中，重心从一侧下肢向另一侧下肢转移，双侧下肢同时与地面接触的时间称为双支撑相，一个正常步态周期中会出现两次双支撑相，各占步态周期的 10%。图 3-14-1 为步态周期示意图。

（2）步态分期

常用的步态分期方法有两种：一种是传统划分法，主要以足部能否着地为基础划分，将步态周期分为足跟着地、全足着地、站立中期、足跟离地、足尖离地、加速期、迈步中期、减速期共 8 个时期；另一种是目前通用的、由美国提出的 RLA 法，此方法认为步行时有 3 个基本任务：承受体重、单腿站立和迈步向前，3 个基本任务中又分为 8 个独立的时期。步态分期中传统划分法与 RLA 法的比较见表 3-14-1。

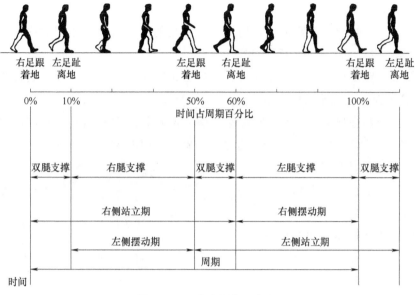

图 3-14-1　步态周期示意图

表 3-14-1　步态分期中的传统划分法与 RLA 法的比较

传 统 法			RLA 法	
站立相 （支撑相）	足跟着地 （Heel Strike，HS）	支撑腿足跟刚刚着地的一瞬间	开始着地 （Initial Contact）	支撑足的任一部分开始着地，在正常步态中，足跟为最先着地部位；在异常步态中，可能是全足或足尖首先着地
	全足着地 （Foot Flat，FF）	在足跟着地之后，整个足部着地的一瞬间	预承重期 （Loading Response）	由一侧下肢开始着地到对侧下肢离开地面，相当于双足支撑期
	站立中期 （Mid-stance，MST）	身体重心刚好落在支撑面的正上方	支撑中期 （Mid-stance）	由对侧下肢离地到身体正好在支撑面上
	足跟离地 （Heel Off，HF）	支撑腿足跟离开地面的一瞬间	支撑末期 （Terminal-stance）	随支撑中期之后到对侧下肢开始着地
	足尖离地 （Toe Off，TO）	支撑腿仅剩足尖着地	摆动前期 （Pre-swing）	由对侧下肢开始着地到支撑腿足趾即将离地的阶段
摆动相 （迈步相）	加速期 （Acceleration，ACC）	从支撑腿足尖离开地面摆动到身体下方的一瞬间	摆动初期 （Initial-swing）	由足尖离地到摆动腿膝关节屈曲到最大限度
	迈步中期 （Mid-swing，MSW）	摆动腿刚好在身体的正下方	摆动中期 （Mid-swing）	由膝关节屈曲到最大限度，继续向前摆动到胫骨与地面垂直
	减速期 （Deceleration，DEC）	摆动腿继续向前摆动，减速准备足跟着地的瞬间	摆动末期 （Terminal-swing）	由胫骨与地面垂直开始直到再次开始着地之前

（3）步态参数

1）步长。步长是指从一侧足跟着地处至另一足的足跟着地处之间的线性距离，以 cm 为单位，正常人约为 50~80cm（图 3-14-2）。

2）跨步长。跨步长是指同一侧足跟着地处至再次足跟着地处之间的线性距离，以 cm 为单位，正常人跨步长是步长的 2 倍，约为 100~160cm（图 3-14-2）。

3）步宽。步宽是指在行走中一足纵线与另一足纵线之间的距离，测量时通常以足跟中点为测量参考点，即为左右两足足跟中点之间的宽度。（图 3-14-2）。

4）步角。步角是指足跟中点至第二趾之间连线与行进线之间的夹角，一般小于 15°（图 3-14-2）。

图 3-14-2　步态参数示意图

5）步频。步频是指在单位时间内行走的步数，一般用平均每分钟行走的步数表示，以 步/min 计，正常人平均自然步频约为 95~125 步/min。

6）步速。步速即步行速度，在单位时间内行走的距离，用 m/s 或 m/min 计，正常人平均自然步速约为 1.2m/s。在临床上，一般是让被试者以平常的速度步行 10m 的距离，测量所需的时间用来计算其步行速度。

步态参数受诸多因素的影响，即使是正常人，由于年龄、性别、身体胖瘦、高矮、行走习惯等不同，个体差异较大，因此正常值较难确定，表 3-14-2 中的数据可供参考。

表 3-14-2　正常人步态参数参考值

参　　数	参　考　值	
	男	女
步长/cm	66.54±5.15	60.10±4.82
跨步长/cm	140.83±2.16	125.37±3.26
步宽/cm	8±3.5	8±3.5
步角/(°)	6.75	6.75
步频/(步/min)	113±9	117±9
步速/(m/min)	91±12	74±9

（4）步态周期中的关节角度变化

正常步态周期中骨盆和下肢各关节的角度变化（RLA 法）见表 3-14-3。

表 3-14-3　正常步态周期中骨盆和下肢各关节的角度变化（RLA 法）

步态周期	关节运动范围			
	骨盆	髋关节	膝关节	踝关节
开始着地	5°旋前	30°屈曲	0	0
预承重期	5°旋前	30°屈曲	0~15°屈曲	0~15°跖屈
支撑中期	中立位	30°屈曲~0	15°~5°屈曲	15°跖屈~10°背屈

（续）

步态周期	关节运动范围			
	骨盆	髋关节	膝关节	踝关节
支撑末期	5°旋后	0~10°过伸	5°屈曲	10°背屈~0
摆动前期	5°旋后	10°过伸~0	5°~35°屈曲	0~20°跖屈
摆动初期	5°旋后	0~20°屈曲	35°~60°屈曲	20°~10°跖屈
摆动中期	中立位	20°~30°屈曲	60°~30°屈曲	10°跖屈~0
摆动末期	5°旋前	30°屈曲	30°屈曲~0	0

（5）足底压力的周期性变化

用步态分析仪对足底压力大小进行研究，可以反映运动或休息中的人的脚底压力的特征，并可反映处于不同状态的人的特征，即运动过程中脚的动态特征。

研究步行过程中的足底压力，主要是观察足底压力-时间曲线的特征，即峰值和谷值的时间和幅度的变化。在整个步态周期中，垂直分力曲线具有典型的对称双峰特性。行走时，脚对地面的接触力具有较大的垂直分力。每个步态周期的转折点都有一个极值，而脚后跟接触地面时有一个极大值。随着脚逐渐变平，受力面积逐渐增加。当脚完全放平时，受力会减小，并且会很小，直到脚跟离开地面为止；当脚趾在地面上时，会出现另一个极大值。正常人的脚对地面的接触力在水平和前后方向上相对较小，并且基本上是对称的。足底压力的测试结果表明，随着步行速度的增加，地面在足底上的垂直分力增加。这与牛顿运动定律是一致的。这些测量结果还表明，足底压力时间积分值随着步行速度的增加而逐渐减小。步态分析仪测量足底压力的周期性变化如图 3-14-3 所示。

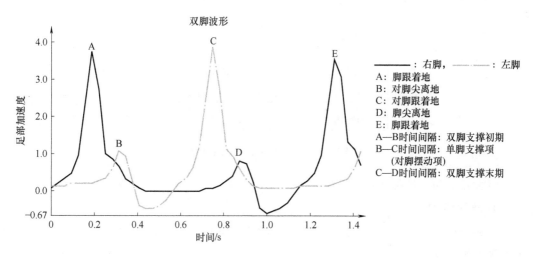

图 3-14-3　步态分析仪测量足底压力的周期性变化

2. 实验器材

美国 MiniSun 公司发明并生产了 IDEEA 可穿戴式步态分析仪，可以精确测量人体在一天 24h 中的活动类型、持续时间、活动强度、生活质量和身体素质等功能，还可以测量并记录肢体活动、姿势、动作转换和步态等（图 3-14-4）。

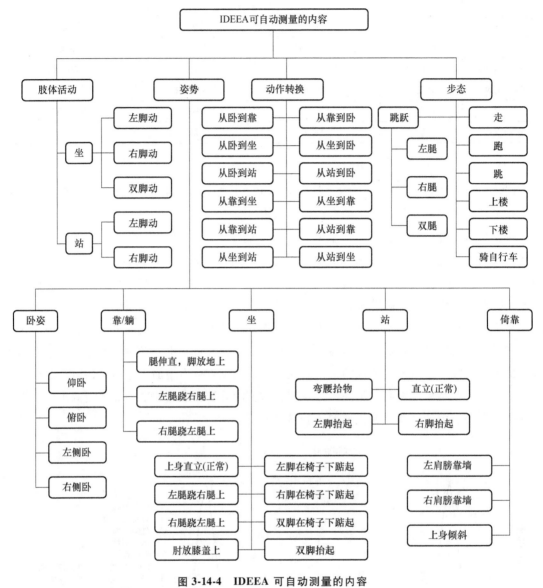

图 3-14-4 IDEEA 可自动测量的内容

IDEEA 系统包括硬件和软件两部分。

（1）硬件部分

硬件部分包括微处理器、存储器、与计算机之间的接口、传感器、事件记录开关、动力和电池等（图 3-14-5）。

1）微处理器。32 位微处理器以 60MHz 运行。强大的处理器可以实时、精确地采集到数据，智能化地数据处理和数据压缩。IDEEA 共有不同作用的 5 个微处理器，为今后的升级开发提供了空间。

2）存储器。RAM 和 flash 存储卡提供快速的数据通道和永久的数据记录。断电后也可保存数据。当 IDEEA 用于身体活动和能量消耗数据的普通存储时，大约可以存储 7 天（每秒 64 个数据点），一共 21 个通道的数据量，即大于 1000MB 的数据。所有的数据可精确到人体活动的每一秒、每一步。

3）与计算机之间的接口。通过一个 USB 端口（2.0 或 3.0）和专门的高速软件达到超高速的和可靠的数据传输。IDEEA 提供的接口电缆和软件包，使得对一天 24h 的日常身体活动和便携式步态分析的深入研究成为可能。

4）传感器。8 个传感器，每一个都会测量身体部分的角度和运动（加速度）的三维方向。肢体上的传感器的数据是通过无线传输的，这样便于活动和做运动。由 21 个通道获取的数据用于便携式步态分析和日常功能运动分析。

5）事件记录开关。与步态及动作同步的事件记录，与步态和姿势数据一同在软件中显示。

6）动力和电池。采样频率从 $1 \sim 256 \mathrm{Hz}$，电流消耗极低（总共约为 10mA）。充电后，电池可以持续工作 60h 以上。

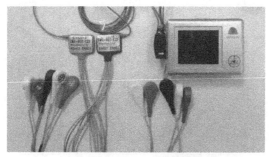

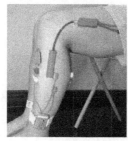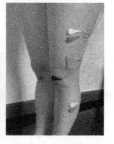

图 3-14-5　IDEEA 系统硬件设备图

（2）软件部分

ActView™ 及配套软件（IDEEA 系统自带的软件产品）自动将短至几秒、长至数小时、数天的不同时间段身体活动、姿势、能量消耗等进行分析、评估和分类，并和 MiniSun 公司数十年来积累的数据库进行比较、统计、分析。可以实现以下功能：

1）自动识别超过 45 种的活动和姿态，包括所有日常活动及运动，如：坐、站、走、跑、跳、上楼、下楼等，准确率在 98% 以上（经国际权威杂志认证和数千人的临床测试）。

2）提供这些活动的起始时间、持续时间、频数分布和强度等的详细信息。

3）对人体活动类型的分布进行详细分析，并能播放任意时间段内的活动图像、动态曲线、统计结果等。

4）计算这些活动的数量和强度。

5）提供准确、详细的步态分析、体质及心功能的联合测定，在自然状况（学习、工作）下可连续 24h 监测。

6）使用智能化方法，如神经网络和人工智能，对大多数人体活动进行定量计算以达到最精确的结果，如行走与奔跑时的速度、距离、功耗、体能等。

7）提供大量临床报告，包括活动类型、体力消耗、身体素质、机械功、卡路里消耗、心电图、心率及心律分析，可用 Word 及 Excel 等文件形式输出，便于查看及分析数据。

部分步态参数报告示例和输出的特定时间段内的步态参数报告如图 3-14-6 和图 3-14-7 所示。

常规步态参数													
分析	左侧				右侧				双侧				正常值
	均数	标准差	最大值	最小值	均数	标准差	最大值	最小值	均数	标准差	最大值	最小值	
跨步时间/s	1.24	0.44	2.98	0.97	1.23	0.37	2.72	0.94	1.23	0.41	2.86	0.94	1.06
单步时间/s	0.63	0.17	1.30	0.38	0.57	0.16	1.20	0.23	0.60	0.17	1.26	0.23	0.53
站立时间/s	0.75	0.34	2.13	0.19	0.84	0.23	1.76	0.19	0.80	0.30	1.98	0.19	0.65
摆动时间/s	0.47	0.11	0.90	0.09	0.37	0.08	0.67	0.14	0.42	0.11	0.84	0.09	0.40
步长/m	0.56	0.13	0.81	0.20	0.46	0.10	0.79	0.18	0.51	0.13	0.81	0.18	0.68
跨步长/m	1.02	0.22	1.50	0.38	1.02	0.22	1.46	0.39	1.02	0.22	1.50	0.38	0.67
步速/(m/s)	0.89	0.24	1.56	0.12	0.84	0.25	1.85	0.11	0.87	0.25	1.86	0.11	1.30
步频(步数/min)	96.12	14.51	153.60	38.10	107.47	17.11	166.96	39.05	101.81	16.85	166.96	34.43	116.35
地面接触时相													
分析	左侧				右侧				双侧				正常值
	均数	标准差	最大值	最小值	均数	标准差	最大值	最小值	均数	标准差	最大值	最小值	
站立相(%)	61.2	8.3	85.0	27.9	69.5	7.7	85.0	38.7	65.4	9.1	85.0	29.2	62
双脚支撑初期/s	15.3	5.8	35.0	1.1	10.9	3.0	22.7	2.1	13.1	5.1	33.6	1.1	12
单脚支撑相(%)	31.7	4.9	51.2	12.2	41.6	6.3	67.1	16.2	36.7	7.5	66.8	6.5	38
双脚支撑末期/s	14.1	3.5	28.0	1.0	17.0	6.7	35.0	0.6	15.5	5.5	35.0	0.6	12
摆动相(%)	38.8	7.9	70.0	7.0	30.6	4.8	49.9	11.4	34.7	7.7	65.5	4.7	39
行走能力参数													
分析	左侧				右侧				双侧				正常值
	均数	标准差	最大值	最小值	均数	标准差	最大值	最小值	均数	标准差	最大值	最小值	
大腿抽动加速度(g)	0.96	0.18	1.69	0.23	1.11	0.35	2.49	0.00	1.03	0.29	2.18	0.00	1.44
大腿摆动功(g)	1.12	0.75	3.02	0.05	0.76	0.25	1.74	0.03	0.94	0.58	3.02	0.03	0.84
地面冲击力(g)	1.22	0.53	3.15	0.08	1.88	0.59	3.82	0.08	1.55	0.66	3.82	0.08	1.80
脚离地角度/(°)	11.44	5.28	32.55	0.00	33.02	13.77	71.00	0.00	22.26	15.01	71.00	0.00	35.10

图 3-14-6　IDEEA 部分步态参数报告示例

图中相关参数含义说明如下：

1）"正常值"是该被试者经过对其性别、年龄、身高、体重归一化后，健康者走路的平均值。

2）大腿抽动加速度：摆动相初期，脚离地最大加速度。g 为重力加速度，$g = 9.8 \text{m/s}^2$。

3）大腿摆动功：摆动相期间，大腿最大摆动加速度。g 含义同上。

4）地面冲击力：脚跟触地瞬间最大落地加速度；该值乘以肢体质量即为力。g 含义同上。

任选一段活动的步态分析												
2014年5月13日, 14:27:41—14:27:49												
第三段(共七段) ▾	左侧				右侧				双侧				正常值
段落步数	6				7				13				
段落距离/m	3.30				2.25				5.55				
持续时间/min	0.07				0.06				0.13				
	均数	标准差	最大值	最小值	均数	标准差	最大值	最小值	均数	标准差	最大值	最小值	
步长/m	0.53	0.14	0.65	0.31	*0.46*	0.09	0.59	0.29	*0.49*	0.12	0.65	0.29	0.67
跨步长/m	0.98	0.18	1.12	0.75	0.99	0.21	1.23	0.60	0.98	0.19	1.23	0.60	1.36
步速/(m/s)	*0.75*	0.21	0.93	0.43	*0.87*	0.10	1.01	0.71	*0.82*	0.16	1.01	0.43	1.30
步频步数/min	84.26	4.13	89.30	76.80	116.8	15.04	147.7	103.8	101.8	20.13	147.7	76.80	116.35
单步时间/s	0.70	0.03	0.77	0.67	0.51	0.06	0.58	0.41	0.60	0.11	0.77	0.41	0.53
跨步时间/s	1.21	0.03	1.25	1.17	1.22	0.06	1.30	1.11	1.22	0.05	1.30	1.11	1.06
站立时间/s	0.68	0.07	0.75	0.56	0.90	0.06	1.00	0.86	0.80	0.13	1.00	0.56	0.65
摆动时间/s	0.55	0.03	0.61	0.53	0.32	0.08	0.39	0.22	0.43	0.13	0.61	0.22	0.40
站立相(%)	55.12	4.67	60.00	48.00	73.11	5.74	85.00	67.90	65.18	10.25	85.00	48.00	61.58
双脚支撑初期(%)	9.20	2.77	12.66	5.26	13.54	3.27	19.72	10.84	11.54	3.69	19.72	5.26	12.34
单脚支撑相(%)	34.09	5.51	42.11	26.67	44.90	2.38	49.40	41.89	39.91	6.85	49.40	26.67	37.67
双脚支撑末期(%)	12.62	3.66	15.19	5.26	15.41	4.63	25.35	12.35	14.12	4.29	25.35	5.26	11.57
摆动相(%)	45.31	3.02	50.00	42.50	26.42	6.32	33.78	19.28	35.14	10.95	50.00	19.28	38.52
大腿抽动加速度(g)	0.92	0.21	1.07	0.62	0.91	0.40	1.48	0.40	0.92	0.31	1.48	0.40	1.44
大腿摆动功(g)	0.63	0.43	1.45	0.23	0.63	0.34	1.13	0.17	0.63	0.37	1.45	0.17	0.84
地面冲击力(g)	1.04	0.36	1.48	0.48	1.73	1.02	2.62	0.12	1.41	0.84	2.62	0.12	1.80
角离地角度/(°)	*7.33*	5.85	13.00	0.00	28.43	22.52	71.00	2.00	*18.69*	19.69	71.00	0.00	35.10
首次触地期(%)	1.29	0.03	1.33	1.25	1.29	0.07	1.41	1.20	1.29	0.05	1.41	1.20	1.78
承重反应期(%)	7.91	2.78	11.39	3.95	12.25	3.20	18.31	9.64	10.25	3.66	18.31	3.95	10.57
支撑相中期(%)	23.64	7.91	35.53	13.92	22.98	5.20	30.99	16.87	23.29	6.30	35.53	13.92	18.46
支撑相末期(%)	10.45	5.23	17.72	4.00	21.92	6.55	32.53	14.08	16.63	8.26	32.53	4.00	19.17
摆动前期(%)	9.18	3.94	11.54	1.32	10.60	3.76	18.31	7.50	9.95	3.75	18.31	1.32	8.00
跖骨离地(%)	3.44	0.71	4.00	2.50	4.81	1.19	7.04	3.61	4.18	1.19	7.04	2.50	3.58
摆动相早期(%)	15.99	8.56	29.33	2.53	11.61	1.84	14.08	8.97	13.64	6.12	29.33	2.53	14.14
摆动相中期(%)	11.14	5.74	19.23	2.53	7.89	4.19	12.82	2.41	9.39	5.03	19.23	2.41	11.15
摆动相末期(%)	18.18	10.15	37.97	10.67	6.92	2.64	11.25	2.82	12.12	8.98	37.97	2.82	13.16
周期/s	1.21	0.03	1.25	1.17	1.22	0.06	1.30	1.11	1.22	0.05	1.30	1.11	1.06

注：上图表内斜体数字表示可能存在测量错误的数值。

图 3-14-7 输出的特定时间段内的步态参数报告

可穿戴式步态分析仪系统广泛应用于疏散科学研究、体育锻炼、医药卫生、康复医学领域，为平衡及跌倒风险评估、日常活动能力评估、精确的步态分析、康复效果评估等提供帮助。同时也用于科学实验、测试等，具体技术参数见表 3-14-4。

表 3-14-4 技术参数

测量通道	三维高精度活动/位置传感器，共 21 路
无线参数	无线传输错码率：小于 $1/10^6$
耗电	0.045W
彩色 LCD 显示屏	数据存储量大于 10^9 点
数据报告	在 1min～60h 的时间段内，自动生成步态分析的报表、统计结果
数据显示	在 1min～60h 的时间段内，在任何测量时间段内自动显示多路步态、活动及姿势的原始波形
与 PC 之间的连接	USB 的简易安装和高速的数据传输
电池	充满电可持续记录 48h
主记录仪尺寸	长×宽×高 = 78mm×55mm×19mm
仪器总质量	150g（包括电池、传感器）

3.14.3 实验步骤

1）提前在计算机上安装好 IDEEA 提供的专门软件包，通过 USB 接口，将 IDEEA 分析仪接到计算机上，用于传输步速、步长、步幅等数据。

2）将采集装置——传感器佩戴于被试者的足底、脚踝、膝盖等部位，每个传感器都会测量身体部分的角度和运动（加速度）的三维方向。肢体上的传感器的数据通过无线传输，方便日常身体活动和运动。

3）打开事件记录开关。

4）20 位被试者每次分别按照低、中、高不同的速度匀速行走，也就是每位被试者采集 3 组数据，每次数据采集结束后关闭事件记录开关。

5）每次的数据由 IDEEA 系统采集和记录。

6）根据 IDEEA 系统输出的步态分析参数报告，进行被试者整体的步态参数分析，分析在悠闲、正常和紧急情况下的行走速度、加速度、步长、步频、步速等。

3.14.4 实验结果及报告要求

分别记录被试者在低、中、高 3 种速度（代表悠闲、正常和紧急情况）下的步态参数（表 3-14-5）。

表 3-14-5　步态分析记录表

姓名：	性别：		年龄：		身高：　　cm		体重：　　kg
步行辅助工具：有/无			类型：拐杖、手杖（左、右）、步行架				
测试参数	低速行走		中速行走			高速行走	
步道长/m							
行走距离/m							
行走时间/s							
步速/（m/s）							
左跨步长/m							
右跨步长/m							
左步长/m							
右步长/m							
左右步长差距/m							
步频（步数/min）							
步宽/m							
左步角/（°）							
右步角/（°）							

最后将实验结果汇总整理，记入表 3-14-6，得到关键步态参数。

表 3-14-6 实验记录汇总表

序号	被试者	低速行走			中速行走			高速行走		
		步长 /m	步速 /(m/s)	步频 /(步数/min)	步长 /m	步速 /(m/s)	步频 /(步数/min)	步长 /m	步速 /(m/s)	步频 /(步数/min)
1										
2										
...										
20										

3.14.5 注意事项

1）传感器如果随身体晃动，会导致采集信息不准确。

2）测试时，被试者要两眼平视前方，以自然行走的方式走过预定的步道。

3）水泥地面或地板均可作为步道，16m 长的步道划分为中间 6m、两端各 5m，测量仅在中间 6m 进行，前 5m 作为测量前达到正常速度的准备用，后 5m 作为测量后的"减速"用，以便有效地减少误差。

3.14.6 思考题

1）IDEEA 可穿戴式步态分析仪可以测量哪些数据？

2）实验测量结果在安全工程中有哪些应用？

3）详细描述 IDEEA 可穿戴式步态分析仪的工作原理。

4

第4章
危险化学品安全实验

4.1 气溶胶易燃性测定实验

4.1.1 实验目的

气溶胶分为两种，喷雾气雾剂以及泡沫气雾剂。常见的喷雾气雾剂有杀虫剂、消毒剂、空气清新剂等；泡沫气雾剂有美发的喷发胶、节日彩喷等。它们作为生产生活中普遍存在的危险化学品，其危险性却往往被忽略。本实验的目的如下：

1）了解气溶胶燃烧检测仪的工作原理，熟悉其使用方法。

2）掌握气溶胶易燃性的判断标准。

3）掌握气溶胶易燃性测定的流程。

4）介绍操作顺序错误所导致的严重后果，培养遵纪守法、一丝不苟的职业精神。

4.1.2 实验原理与器材

1. 实验原理

气溶胶是指喷雾器（任何不可重新灌装的容器，容器可用金属、玻璃或塑料制成）内装强制压缩、液化或溶解的气体（包含或不包含液体、膏剂或粉末），并配有释放装置可使内装物喷出，在空气中形成悬浮的固态或液态微粒，或者形成泡沫、膏剂、粉末等，喷出物也可以是液态或气态形式。

本实验主要依据《化学品分类和标签规范 第4部分：气溶胶》（GB 30000.4—2013）中关于气溶胶的分类标准及喷雾气溶胶的判定逻辑、《进出口喷雾罐安全检验规程》（SN/T 1180—2003）中的燃烧实验、《易燃易爆危险品火灾危险性分级及试验方法 第7部分：易燃气雾剂分级试验方法》（XF/T 536.7—2013）中喷雾气雾剂的点火距离实验等内容进行设计。

喷雾气溶胶易燃性判定标准如下：

1）气溶胶喷嘴全开时，在距离喷嘴750mm处，喷雾在5s内被点燃，则属于类别1（极易燃气溶胶），信号词为"危险"。

2）气溶胶喷嘴全开时，在距离喷嘴150mm处，喷雾在5s内能被点燃，则属于类别2（易燃气溶胶），信号词为"警告"。若产生的火焰长度大于或等于450mm，则喷雾罐上要加贴 2.2 类易燃气体标签。

3）若在距离喷嘴 150mm 处，喷雾 5s 内无法被点燃，则需进一步进行封闭空间点火试验，判定其是否属于不易燃气溶胶。

2. 实验器材

（1）气溶胶易燃性检测仪

气溶胶易燃性检测仪（图 4-1-1）为长方体箱体，外接 220V 电源。其分为左右两部分：

1）左侧箱体中设有控制电动机，打开电源开关后，可通过柜门上的调速旋钮控制升降台的升降速度。升降台上放置待测样品。

2）右侧箱体内，距离喷口水平距离 150mm 处设有点火源。点火源为纯度大于或等于 95% 的丁烷（也可采用煤气或天然气），气体出口端由金属制成，内径为（2±1）mm，火焰高度为 4~5cm；可通过观察窗查看气溶胶遇到点火源后能否被点燃，并根据窗口设置的标尺测量喷出的火焰长度，以此判断气溶胶的易燃性类别。

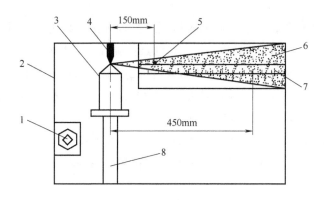

图 4-1-1　气溶胶易燃性检测仪

1—控制电动机　2—箱体　3—样品　4—顶锥　5—点火源
6—观察窗　7—标尺　8—升降台

（2）药剂

罐装杀虫喷雾剂（或喷发胶）（600mL）。

4.1.3　实验步骤

1）放置样品。将样品放置在升降台顶端的平台上，打开控制电动机开关，调整合适的运行速度，操纵升降台向上运动，样品顶端接近顶锥时暂停。

2）点燃点火源，调整火焰高度。

3）继续操纵升降台向上运动，使样品喷嘴与顶锥充分接触，完全打开喷嘴，喷出样品内的气溶胶喷雾。喷射时间不超过 5s，如发现点着则停止喷射。

4）观察喷出的气溶胶喷雾遇到点火源的火焰后能否被点燃。若发生点火，立即熄灭点火源，避免长时间灼烧。同时记下观察窗的标尺上显示的火焰的长度。注意：标尺起点位于喷嘴处。

5）点火源位置分为 150mm、750mm 两种。若能在 150mm 处被点燃，可进一步调整点火源位置到 750mm 处，再次进行上述实验。

4.1.4 实验结果及报告要求

将实验数据记入表 4-1-1。

表 4-1-1 气溶胶易燃性测定实验数据记录表

样品名称	点火距离/mm	是否被点燃（是/否）	点燃后火焰长度/mm	是否具有易燃性（是/否）	气溶胶易燃性类别

4.1.5 注意事项

1）严格遵守操作规程，按照正确的操作顺序进行操作。禁止先打开喷嘴喷雾，后进行点火！否则，箱体内将形成爆炸性混合物，遇到点火源发生爆炸或爆燃。

2）实验应在通风橱内进行，产生的烟雾及时排出，但点火时不能通风，避免风流影响。

3）实验进行时，观察人员不要正对气状物喷出方向，以免被喷出的火焰灼伤。多次实验后，禁止触碰右侧箱体，以免被高温表面烫伤。

4）避免喷出的喷雾长时间燃烧，以免高温火焰烧坏喷嘴。

5）升降台速度应适中，避免过快或过慢，过快易导致样品受挤压损伤，过慢导致喷嘴不能快速打开。

6）实验结束，立即切断设备电源。

4.1.6 思考题

1）气溶胶罐内物质的容量多少是否影响实验结果？如何影响？

2）如何绘制气溶胶易燃性类别的判定流程图？

4.2 易燃固体燃烧速率实验

4.2.1 实验目的

易燃固体在日常生活中十分常见，如硫黄、镁粉、龙脑（冰片）、稻壳等。易燃固体遇到点火源极易发生燃烧，造成火灾，而其燃烧速率的大小决定火灾蔓延的速率。本实验的目的如下：

1）熟悉易燃固体的燃烧特点。

2）掌握测定易燃固体燃烧速率的实验方法。

3）能够依据易燃固体的燃烧速率，判定其所属类别。

4.2.2 实验原理与器材

1. 实验原理

易燃固体是容易燃烧或通过摩擦可能引燃或助燃的固体。易于燃烧的固体为粉状、颗粒状或糊状物质,它们在与燃烧着的火柴等火源短暂接触即可点燃及火焰迅速蔓延的情况下,都是非常危险的。

本实验主要依据《化学品分类和标签规范 第 8 部分:易燃固体》(GB 30000.8—2013)中关于易燃固体的分类标准、《易燃固体危险货物危险特性检验安全规范》(GB 19521.1—2004)中相关实验方法、《危险品 易燃固体燃烧速率试验方法》(GB/T 21618—2008)中操作步骤等内容进行设计。

易燃固体的燃烧速率是指将粉状、颗粒状或糊状的样品制成长 250mm、高 10mm、宽 20mm 的连续三角形柱粉带,从一端点燃,在一定时间内火焰烧过的长度,其单位为 mm/s。

实验要求:能在不大于 2min(或对金属或合金粉末样品在不大于 20min)实验时间内点燃,并沿着固体样品带火焰或带烟燃烧 200mm;否则,则不属于易燃固体。

易燃固体的分类标准:

1)1 类易燃固体,信号词为"危险",采用Ⅱ类包装:

① 除金属粉末之外的物质或混合物:湿润部分不能阻燃,而且燃烧时间小于 45s 或燃烧速率大于 2.2mm/s。

② 金属粉末:燃烧时间不大于 5min。

2)2 类易燃固体,信号词为"警告",采用Ⅲ类包装:

① 除金属粉末之外的物质或混合物:湿润部分可以阻燃至少 4min,而且燃烧时间小于 45s 或燃烧速率大于 2.2mm/s。

② 金属粉末:燃烧时间大于 5min 且不大于 10min。

2. 实验器材

(1)固体燃烧速率检测仪

图 4-2-1 为固体燃烧速率检测仪示意图。设备由箱体、控制面板、顶板、凉板、燃气喷嘴等几部分组成,需外接燃气使用。顶板上放置可替换的凉板。电源开关打开后,控制面板具有计时、点火等功能。

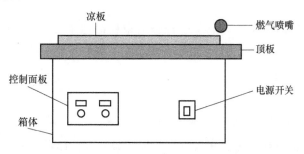

图 4-2-1 固体燃烧速率检测仪示意图

（2）模具

制作实验样品堆垛的模具及附件如图 4-2-2 所示。

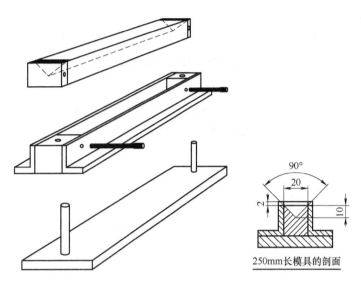

250mm 长模具的剖面

图 4-2-2　制作实验样品堆垛的模具及附件

（3）实验材料

金属镁粉 500g、龙脑（冰片）500g。

4.2.3　实验步骤

1. 初步筛选实验

将粉状、颗粒状或糊状固体物质做成连续的三角形柱粉带，约长 250mm、宽 20mm、高 10mm，置于冷的、不渗透、低导热的底板上。用燃气喷嘴（最小直径为 5mm）喷出的高温火焰（最低温度为 1000℃）燃烧粉带的一端，直到点燃或喷烧时间最长为 2min（若为金属或合金粉末样品最长时间为 5min）。

实验结果判定标准如下：

1）如果不能在 2min（对金属或合金粉末样品不能在 20min）实验时间内点燃，并沿着固体样品粉带火焰或带烟燃烧 200mm，那么该固体样品不应划为易燃固体，且无须进一步实验。

2）如果在不大于 2min（或对金属或合金粉末样品在不大于 20min）实验时间内点燃，并沿着固体样品粉带火焰或带烟燃烧 200mm，则应进行后面的实验。

2. 燃烧速率测定实验

（1）样品准备

1）将待测样品的粉状或颗粒状物质松散地装入模具，让模具从 20mm 高处跌落在硬表面上三次；然后把侧面界板拆掉，在模具上安放试验平板，把设备倒置，拿掉模具。

2）把糊状物质铺放在不燃烧的表面，做成长 250mm 的绳索状，剖面面积约为 $100mm^2$；

如是潮湿敏感物质，应在该物质从其容器取出之后尽快完成实验。

3）把堆垛物质（样品粉带）放在排烟柜的通风处。风速应足以防止烟雾散佚进实验室，并在实验期间保持不变。可在设备周围竖立挡风屏。

4）对于金属粉末以外的物质，应在距 100mm 长的测定计时段 30~40mm 处的堆垛上加 1mL 的湿润剂，把湿润剂一滴一滴地滴在堆垛脊上，确保堆垛物质的剖面全部湿润，湿润剂没有从两边流失。

5）湿润剂滴在堆垛上时面积要尽量小，以免从两边流失。有很多物质，湿润剂会从堆垛的两边滚下，所以需要加湿润剂。所使用的湿润剂应是不含可燃溶剂的。湿润剂中的活性物质总量不应超过 1%，这种湿润剂可加在堆垛顶上深 3mm、直径 5mm 的穴中。

（2）燃烧速率测定

1）用燃气喷嘴（火焰最低温度为 1000℃）点燃堆垛的一端，当堆垛燃烧 80mm 的距离时，测定以后 100mm 的燃烧速度。

对金属粉末以外的物质，记下湿润部分是否阻止火焰的传播至少 4min。

2）实验至少进行 6 次，每次均使用干净的凉板，除非在更早的时候观察到肯定的结果。

4.2.4 实验结果及报告要求

将实验数据记入表 4-2-1。

表 4-2-1 易燃固体燃烧速率实验数据记录表

样品	镁粉						冰片					
次数（次）	1	2	3	4	5	6	1	2	3	4	5	6
时间/s												
燃烧速率/（mm/s）												
类别												
包装												

4.2.5 注意事项

1）实验过程中注意防止烧伤、烫伤。

2）当样品被点燃后，应立即关闭火源，避免喷嘴长时间灼烧。

3）实验应在通风橱内进行，产生的烟雾及时排出，但点火时不能通风，避免风流影响。

4）实验完成后，应立即切断仪器电源。

4.2.6 思考题

1）根据实验条件分析，易燃固体的燃烧速率受哪些因素影响？

2）如何画出易燃固体燃烧速率的实验流程图？

4.3 易燃液体持续燃烧性实验

4.3.1 实验目的

日常生活中，常见的酒精、汽油、柴油、丙酮、乙醚等都属于易燃液体，它们遇到点火源极易发生燃烧，并随着液体流淌，使着火范围快速扩散；其蒸发后产生的蒸气还能与空气形成爆炸性混合物，发生爆燃、爆炸等更严重的事故后果。本实验的目的如下：

1）熟悉易燃液体的燃烧特点。

2）掌握测定易燃液体持续燃烧性的实验方法。

3）掌握根据液体持续燃烧性判定是否属于易燃液体的方法。

4）通过液体燃烧的持续性，教育学生认识条件的充分性和必要性，避免判断问题的片面性。

4.3.2 实验原理与器材

1. 实验原理

易燃液体是指在闪点温度（闭杯试验不高于 60℃，或开杯试验不高于 65.6℃）时放出易燃蒸气的液体、液体混合物或在溶液中含有固体的液体（不包括由于它们的危险特性而划入其他类别的物质）。但是，闪点并非易燃液体燃烧的充分条件。符合上述定义，闪点高于 35℃ 且不持续燃烧的液体，不视为易燃液体。因此，在满足闪点要求的前提下，液体燃烧的持续性实验是判定是否属于易燃液体的重要依据之一。

本实验主要依据《化学品分类和标签规范 第 8 部分：易燃液体》（GB 30000.7—2013）中易燃液体的分类标准、《易燃液体危险货物危险特性检验安全规范》（GB 19521.2—2004）中持续燃烧试验、《危险品 易燃液体持续燃烧试验方法》（GB/T 21622—2008）中实验原理、操作步骤等内容进行设计。

易燃液体持续燃烧实验的原理如下：

1）将试样槽加热到规定温度，把规定数量的试样放进试样槽中，在规定条件下施加标准火焰，随后移去，观察试样是否能够持续燃烧。

2）持续燃烧的判定。如果任何一个试样在两段加热时间或两个加热温度中的一个发生以下情况，应视为持续燃烧：

① 实验火焰在"关"的位置时，试样点燃并持续燃烧。

② 实验火焰在实验位置停留 15s 时，试样点燃，并且在实验火焰回到"关"的位置后继续燃烧超过 15s（间歇地发生火花不应解释为持续燃烧）。通常在 15s 计时到达时，燃烧已明显停止或者继续进行。如果不能确定物质是否持续燃烧，应视为持续燃烧。

2. 实验器材

可燃性液体持续燃烧测试仪（图 4-3-1 和图 4-3-2），注射器 5mL（最小刻度为 0.1mL），计时装置（精确度为 0.5s）。

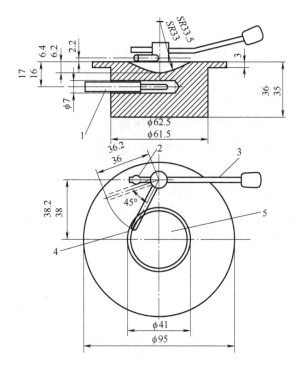

图 4-3-1 可燃性液体持续燃烧测试仪 1

1—温度计 2—关闭 3—手柄 4—实验气体喷嘴 5—试样槽

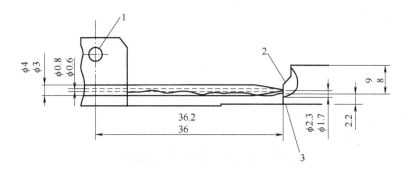

图 4-3-2 可燃性液体持续燃烧测试仪 2

1—丁烷气入口 2—实验火焰 3—试样槽

4.3.3 实验步骤

1. 实验操作

1）打开可燃性液体持续燃烧测试仪的加热装置，加热试样槽，使其达到实验温度（60.5±1℃ 或 75±1℃），保持恒温 5min。如果实验时大气压力与标准大气压不同，应如下调整实验温度：压力每升高或降低 4kPa 即将实验温度调高或调低 1.0℃。

2）在燃气喷嘴离开实验位置（即处于"关"的位置）时，点燃丁烷。调整火焰长度至 8~9mm，宽度约为 5mm。

3）搅拌试样，使其混合均匀。用注射器抽取（2±0.1）mL试样，迅速将样品移入试样槽中，马上开动计时装置。

4）当加热时间达到60s时，如果试样没有被点燃，将丁烷火焰转到实验位置，使火焰保持在这个位置15s，然后把它移开（即转到"关"的位置），同时观察试样状态。实验火焰在整个过程中应一直保持点燃状态。

5）实验应进行三次，每次应观察和记录如下情况：

① 在丁烷火焰移到实验位置之前，试样是否被点燃并持续燃烧，或是发生火花，或是两者都没有。

② 丁烷火焰在实验位置时试样是否点燃；如果是，在实验火焰移开后燃烧持续的时间。

6）如果没有观察到持续燃烧现象，应用新的试样重复整个程序，但加热时间改为30s。

7）如果在实验温度60.5℃下没有观察到持续燃烧现象，那么用新的试样在实验温度75℃下重复整个实验步骤。

2. 实验结果判定

（1）持续燃烧

任何一个试样在60.5℃或70℃温度下，出现下列情况之一的，视为持续燃烧：

1）在丁烷火焰移到实验位置前，试样被点燃并持续燃烧。

2）丁烷火焰在实验位置停留15s时，试样被点燃并且在火焰回到"关"的位置后继续燃烧超过15s。通常在15s计时到达时，燃烧已明显停止或者继续。如果不能确定物质是否持续燃烧，应视为持续燃烧。

（2）非持续燃烧

均未出现上述情况的现象，则视为非持续燃烧。

4.3.4 实验结果及报告要求

将三次实验的情况记入表4-3-1。

表 4-3-1 易燃液体持续燃烧实验记录表

样品名称	实验数据记录						结论（是/否为易燃液体）
	第一次		第二次		第三次		
	是否点燃	持续时间/s	是否点燃	持续时间/s	是否点燃	持续时间/s	

4.3.5 注意事项

1）实验过程中注意防止烧伤、烫伤。

2）为方便观察燃烧现象，应注意调整实验现场的光照条件。

3）实验应在通风橱内进行，产生的烟雾及时排出，但点火时不能通风，避免风流影响。

4.3.6 思考题

1）根据实验条件分析，易燃液体的持续燃烧受哪些因素影响？

2）如何根据实验现象判定液体是否属于易燃液体？

5

第 5 章
电气安全技术实验

5.1 | 绝缘电阻和耐电压测量实验

5.1.1 实验目的

1）综合运用所学知识，在理解绝缘电阻耐电压测试仪的工作原理和掌握测量绝缘电阻、耐电压的操作方法的基础上，通过对电气设备和电气线路绝缘电阻的测试，掌握判断电气设备和电气线路绝缘保护的有效性的测试方法，培养设计实验、应用测试仪器和分析处理实验结果的能力，应用绝缘测试技术判断触电事故隐患、防范电气事故风险的能力。

2）培养严谨认真、一丝不苟地记录实验数据的工作态度；将学生分组完成实验任务，引导其感受团队协作的重要性，注重培养专注、耐心的工匠精神。

5.1.2 实验原理与器材

1. 实验原理

（1）绝缘电阻测试原理

绝缘电阻是指加于被测物上的电压与流过被测物的漏电流之比：

$$R = U/I \tag{5-1-1}$$

式中，U 表示加在被测物两端的电压（V）；I 表示对应于电压 U 时，被测物中的漏电流（μA）；R 表示被测物的绝缘电阻（$M\Omega$）。

从上式看出，绝缘电阻 R 与泄漏电流 I 成反比，而漏电流的大小又取决于被测物绝缘材料的状况，如绝缘材料受潮或严重老化，绝缘性能下降，这时漏电流显著增大，绝缘电阻则显著降低。所以，测量电气设备的绝缘电阻是了解电气设备绝缘状况的有效手段，而且测量方法简便。

在各种电气设备及供电线路中，绝缘材料的绝缘性能的好坏，直接关系到电气设备的正常运行和操作人员的人身安全。而表明电气设备绝缘性能好坏的一个重要指标就是绝缘电阻值的大小。绝缘电阻是指用绝缘材料隔开的两部分导体之间的电阻。绝缘材料在使用中，由于发热、污染、锈蚀、受潮及老化等原因，其绝缘电阻值将降低，进而可能造成漏电或者电路事故，因此必须定期对电气设备和供电线路进行绝缘性能检查测试，以确保其正常工作，预防事故的发生。

测量电气设备的绝缘电阻可以了解和检验如下相关性能：

1）了解绝缘结构的绝缘性能。由优质材料组合成的合理的绝缘结构（绝缘系统）应具有良好的绝缘性能和较高的绝缘电阻。

2）了解电气设备绝缘处理质量。如果电气设备绝缘处理不佳，其绝缘性能将明显下降。

3）了解绝缘受潮及受污染情况。当电气设备绝缘受潮或受污染后，其绝缘电阻会明显下降。

4）检验绝缘材料是否能承受耐电压实验。若在电气设备的绝缘电阻低于某一限值时进行耐电压测试，将会产生较大的实验电流，造成热击穿而损坏电气设备的绝缘材料。因此，通常在各式各样实验标准中，均规定在耐电压实验前必须先测量绝缘电阻。

（2）耐电压测试原理

绝缘物质所能承受而不致遭到破坏的最高电场强度称为耐电压强度，耐电压强度也可称耐压强度、介电强度、介质强度。在实验中，被测物在要求的实验电压作用之下达到规定的时间时，耐压测试仪可自动或被动切断实验电压。一旦出现击穿电流超过设定的击穿（保护）电流，能够自动切断实验电压并报警，以确保被测样品不致损坏，主要为达到如下目的：

1）检测绝缘耐压受工作电压或过电压的能力。

2）检查电气设备绝缘制造或检修质量。

3）排除因原材料、加工或运输对绝缘的损伤，降低产品早期失效率。

4）检验绝缘的电气间隙和爬电距离。

测量耐电压的原理是在被测试品上加载交流电压，并逐渐增大到规定测试电压值，并持续一段规定的时间，观察泄漏电流值的变化情况，如果在规定时间内漏电电流在规定范围内，则可判定被测试品测试端的绝缘性能正常；如果发生击穿，则可判定被测试品测试端的绝缘性能不正常。

在进行耐压测试时，为了保护实验设备和按规定的技术指标测试，也需要确定一个在不破坏被测设备（绝缘材料）的最高电场强度下允许流经被测设备（绝缘材料）最大电流值，这个电流通常也称为漏电流，漏电流实际上就是电气线路或设备在没有故障和施加电压的作用下，流经绝缘部分的电流。因此，它是衡量电器的绝缘性好坏的重要标志之一，是产品安全性能的主要指标。

2. 实验器材

（1）绝缘电阻表

绝缘电阻表的正确使用包括根据被测电气设备或线路的额定工作电压选择表的电压等级、绝缘电阻值的测量范围及正确接线三个方面。若在测量时不按要求正确操作，就会造成绝缘电阻值测量不准，造成误判断，如果将误判断的被测设备通电使用，有可能使其应绝缘（或不带电）部分带电，造成危险。所以，在使用绝缘电阻表进行测量时，一定要严格按规定程序进行。

绝缘电阻表的选择：由于被测电气设备的工作电压、工作环境湿度不同，因此对绝缘程度的高低要求也不同，所以应按电压等级和测量范围来选择合适的绝缘电阻表。选择绝缘电阻表时，对于工作电压高的电气设备，必须使用额定电压和测量范围大的绝缘电阻表进行测量。例如，低压电力电容器额定电压为 0.4kV，但测量时应选用电压等级为 1000V，测量范围应为 0~2000MΩ 的绝缘电阻表。但并非电压等级越高越好，若选用的电压超过被测设备的绝缘能力，就会对设备绝缘造成损坏。

绝缘电阻表的测量范围一般要按所测量的电气设备绝缘电阻合格值来选取，使设备的绝缘电阻值落在表的测量范围之内。例如，额定电压为 380V 笼型异步电动机相对地的绝缘电阻最低合格值为 0.5MΩ，这时应选用从 0MΩ 起始的绝缘电阻表，因为有些绝缘电阻表刻度以 1MΩ 作为起始点，而电动机绝缘电阻的测量值可能小于 1MΩ，用这样的绝缘电阻表不能测出正确的绝缘电阻值，从而会影响对电气设备是否合格、能否使用等的判定。

常用电气设备绝缘电阻合格值：新装和大修的低压线路和设备，其绝缘电阻不低于 0.5MΩ；对运行中的电路和设备，绝缘电阻的要求降低为每伏工作电压 1000Ω；在潮湿的环境，要求可降低为每伏工作电压 500Ω；携带式电气设备的绝缘电阻不低于 2MΩ；配电盘二次线路的绝缘电阻不应低于 1MΩ，在潮湿环境可降低为 0.5MΩ。

绝缘电阻表目前有机械式和数字式两类，本实验采用的 ZC-7 型绝缘电阻表为机械式（俗称摇表），VC60B 数字兆欧表即为数字式的。

以 ZC-7 型绝缘电阻表为例说明仪器的用前检查事项：绝缘电阻表使用前应做好检查工作，以确保安全操作。先检查表外观，再进行表内部检查（通过开路、短路试验检查）。

1）外观检查。绝缘电阻表的外观检查主要包括表的外壳是否完好；接线端子、摇柄、表头等状态是否完好；配件即测试用导线是否完好。

2）开路试验。将"L""E"两个端子开路，摇动手柄，使发电机转速达到额定转速 120r/min，此时指针应指在 ∞ 处。

3）短路试验。将"L""E"两个端子短接，由慢到快摇动手柄，使转速达到 120r/min，指针应指在零刻度处。

如果绝缘电阻表指针确能达到上述要求，则可以使用，否则就不能使用。

（2）耐电压测试仪

耐电压测试仪是测量各种电气装置、绝缘材料和绝缘结构的耐电压能力的仪器，该仪器能调整输出需要的交流（或直流）实验电压和设定击穿（保护）电流。在实验中，被测物在要求的实验电压作用之下达到规定时间时，耐电压测试仪自动或被动切断实验电压；一旦出现击穿，电流超过设定的击穿（保护）电流，能够自动切断输出并同时报警，以确定被测物能否承受规定的绝缘强度实验。可以直观、准确、快速、可靠地测试各种被测对象的耐电压、击穿电压、漏电流等电气安全性能指标。在国内外，此类仪器还有耐压测试仪、介质击穿装置、耐压实验器、电涌绝缘测试仪、高压实验器等不同的名称。

CS 2677/2677—1 型电器安全综合测试仪，是按照 IEC、BS、UL 等国际及国家安全标准要求而设计的，耐压 0～5kV，接地电阻为 0～600mΩ（AC 10A/25A），泄漏电流为 0.1～20mA。这款测试仪具有测试电器线路及设备接地电阻、耐电压和泄漏电流三个测试功能，本实验仅应用耐电压测试功能模块。

耐压测试是由高压升压电路、电压检测电路、漏电流检测电路、比较电路组成，高压升压电路能调整输出需要的实验电压；电压检测用以检测电路的电压值并输送显示器显示；漏电流检测电路用以检测被测物的漏电流值，并送去显示器显示；比较电路将用户所设定击穿（保护）电流值与检测到的漏电流值进行比较，在实验中，若被测物的漏电流值超过设定的击穿（保护）电流值，则比较电路向控制电路发出信号，仪器自动切断输出电压，并同时报警。如采用定时，达到规定的时间时，仪器自动切断实验电压，实验即结束。

5.1.3　实验步骤

1. 绝缘电阻测量

以下介绍用绝缘电阻表测量变压器和三相异步电动机的绝缘电阻。

绝缘电阻应在被测电气设备不带电的情况下进行测量，所以必须按正确断电要求将被测设备退出运行，并做好相应的安全防护。对大电感和电容性设备，断电后还必须充分放电才能测量。对被测设备进行测量前处理，如拆除无关线路，对接线部位进行清洁处理等。

1）检查表外观，再进行表内部检查（通过做开路、短路实验检查）。

2）按所测量的电气设备或电路进行正确接线。绝缘电阻表上有三个接线端子，分别为 L 端子、E 端子和 G 端子（保护环）。在一般情况下，L 端子与被测设备导体部分连接，E 端子与被测设备外壳或接地部分连接，在被测设备表面潮湿或污垢不易去除且对被测量结果影响较大时，采用 G 端子来进行屏蔽保护。

3）将绝缘电阻表水平放置，进行摇测。一般在转速达到 120r/min 后 1min 进行读数，若遇电容较大的被测物时，应等绝缘电阻表指针稳定不变时再读取数据。

① 测量变压器绕组间的绝缘电阻和绕组对地绝缘电阻：绝缘电阻表的 L、E 两端子分别接变压器的两级绕组，测出 L1-L2 之间的绝缘电阻值。L 端子接变压器的某一绕组，E 端子接其外壳，分别测为 L1-E、L2-E 之间的绝缘电阻值。

② 测量三相异步电动机相间的绝缘电阻和相对地绝缘电阻。绝缘电阻表的 L、E 两端子分别接电动机的两相绕组，分别测出 U-V、U-W、V-W 三个绝缘电阻值。L 端子接电动机的某一绕组，E 端子接电动机的外壳，共测三次，分别测出 U-E、V-E、W-E 三个绝缘电阻值。也可将电动机三相绕组的尾端短接，将 L 端子与任一相绕组的首端连接，E 端子接电动机的外壳进行测量，如果所测电阻值合格，只要测量一次即可。

4）测量完毕后，必须将被测物放电，放电 1min 后方可触摸被测物，然后进行拆线。

2. 耐电压测量

用电器安全综合测试仪的耐电压测试功能模块，测量三相异步电动机的耐电压和相应的漏电流。

通过实验分组，确定每组实验团队中各成员的实验任务，采用讨论、分析等形式充分沟通交流，发挥团队协作精神；在测试耐电压、漏电流的实验过程中，缓慢加载耐电压，专注、耐心地观察、记录漏电流数据。

1）在复位状态下将功能测试开关置于"耐压测试"位置，即按下<耐压>键，<耐压>键上方指示灯亮。

2）连接被测物体是在确定电压表指示为"O"，即测试灯熄灭时，将"耐压测试端"高压输出端和地线端分别与被测物连接好。

3）设定漏电流测试所需值：按下"测试/预置"开关；选择所需电流档（有 2mA/20mA 档）；调节漏电流预置电位器，观察漏电流显示窗至所需漏电流报警值；"测试/预置"开关恢复常态。

4）手动测试，具体如下：

① 将定时开关置于关的位置。

② 按下启动钮，测试灯亮，观察电压显示窗，将电压调节钮旋到需要的电压值，同时可从电流显示窗读取被测物的漏电流值。

③ 测试完毕后，将电压调节到测试值的 1/2 位置以下后按<复位>键，电压输出切断，测试灯灭，此时被测物为合格。

④ 如果被测物体超过规定漏电流值，则仪器自动切断输出电压，同时蜂鸣器报警，不合格指示灯亮，此时被测物检测为不合格，按下<复位>键，即可清除报警声。

⑤ 按下<复位>键，测试灯灭，取下被测物。

5）定时测试，具体如下：

① 将定时开关置于"开"位置，调整时间设置开关，设定所需测试时间值。

② 按下启动钮，测试灯亮，观察电压显示窗，将电压调到所需测试值。

③ 可从电流显示窗读取被测物的漏电流值，时间显示窗从所设定的测试时间值开始倒计数。

④ 设定时间到，被测物检测为合格。

⑤ 若漏电流过大，不到计时时间，不合格灯亮，蜂鸣器报警，测试灯灭，测试电压被切断，被测物检测为不合格，按下<复位>键，即可清除报警声。

⑥ 按下<复位>键，测试灯灭，取下被测物。

6）使用说明及应用举例：

① 电器整机电气强度（耐压强度）实验。将耐压仪与被测整机连接，接通被测整机电源开关，根据被测整机产品标准设置漏电流报警值，然后按第 4）、5）条所述步骤进行测试。若被测整机产品标准没有规定具体漏电流报警值，则推荐按下式计算：

$$I_z = k_p(U/R) \tag{5-1-2}$$

式中，I_z 为漏电流报警值（A）；U 为实验电压（V）；R 为允许最小绝缘电阻值（Ω）；k_p 为动作系数，一般取 1.2~1.5。

例如：某电器规定其最小绝缘电阻值为 $2 \times 10^6 \Omega$，实验电压为 1500V，代入式（5-1-2），则有：

$$I_z = k_p(U/R) = (1.2 \sim 1.5) \times [1500V/(2 \times 10^6 \Omega)] \approx 1mA$$

② 变压器或电动机电气强度（耐压强度）实验。将耐压仪与被测变压器或电动机连接，根据被测变压器或电动机技术指标设置漏电流报警值，然后按第4）、5）条所述步骤进行测试。若被测变压器或电动机技术指标没有规定具体漏电流报警值，则推荐按式（5-1-2）计算值设置。

注意：测试漏电流时，一定要检查被测电器的功耗，其值必须要小于300W，否则会烧坏仪器。

5.1.4　实验结果及报告要求

详细记录实验数据，分析随着耐电压逐渐增加，绝缘电阻值的变化情况和变化规律，并且明确分析判定被测物的绝缘电阻是否合格，这些是非常关键的环节，所测试出不合格的绝缘电阻值对应的被测物存在漏电的隐患，应务必进行维修或更换，以消除隐患。

将实验结果记入表 5-1-1～表 5-1-4。

表 5-1-1　实验结果记录表 1

被测物	接 L-E 端	绝缘电阻值（摇表）	被测物	接 L-E 端	绝缘电阻值（摇表）	被测物	接 L-E 端	绝缘电阻值（摇表）
变压器			变压器			变压器		

表 5-1-2　实验结果记录表 2

被测物	接 L-E 端	绝缘电阻值（摇表）	被测物	接 L-E 端	绝缘电阻值（摇表）	被测物	接 L-E 端	绝缘电阻值（摇表）
异步电动机			异步电动机			异步电动机		

表 5-1-3　实验结果记录表 3

被　测　物	接 L-E 端	漏　电　流	耐　电　压
变压器			

表 5-1-4 实验结果记录表 4

被测物	接 L-E 端	漏电流	耐电压	被测物	接 L-E 端	漏电流	耐电压
异步电动机				异步电动机			

5.1.5 注意事项

1. 测量绝缘电阻的注意事项

正确选表、验表。使用时，发电机转速应逐渐加速至 120r/min，并保持此速度到读数完毕。

对大容量电动机、电力电容器、电力电缆等电感性或电容性设备，测量前须放电，测量完毕后也应充分放电后再拆线。

不允许带电测量绝缘电阻，以防发生人身触电或设备损坏。

测量过程中，测量人员的身体不得接触裸露的接线端或被测量设备的金属部位，也不得触及未放电的电气设备。

应使用专用测试线，不可以用普通导线（绞线或平行线）代替。

不应在潮湿或阴雨天气时测量电气线路的绝缘电阻。

测量时，测试人员应注意与周围带电体保持安全距离，应远离大电流导体和强磁场。

2. CS 2677-1 电器安全综合测试仪使用高压测试的注意事项

（1）一般规定

使用本测试仪以前，应先了解本测试仪的相关安全标志。

在给本测试仪输入电源以前，应对照标牌确认输入电压是否正确（图 5-1-1）。图 a 表示高电压警告符号。提示参考所列的警告和注意说明，以避免人员或仪器受损。图 b 为危险标志，提示可能会有高电压存在，请不要接触。图 c 为机身接地符号。

a　　　　　b　　　　　c

图 5-1-1 标牌示意图

本测试仪所产生的电压和电流足以造成人员触电伤亡，为防止意外伤害或死亡发生，在搬移和使用仪器时，请务必先观察清楚，再运行动作。

（2）维护和保养

1）为防止触电的发生，未经许可不得拆开测试仪的箱体。如仪器有异常情况发生，请与指定的经销商联系。

2）定期维护。本测试仪的输入电源线、测试线和相关附件等要根据使用频段定期进行仔细检验和校验，以保障使用者的安全和仪器的准确性。

3）使用者不得自行更改仪器内部的线路和零件。

（3）测试工作平台

1）工作台位置。工作台的位置必须安排在一般人员非必经的场所，使非工作人员远离工作台。当因生产线的安排而无法远离时，必须将工作台与其他设施隔开，并特别标示"高压测试工作区"字样。当高压测试工作台与其他工作台非常靠近时，必须特别注意安全，以防触电。在高压测试时，必须标示"危险！正在高压测试，非工作人员请勿靠近"字样。

2）输入电源。本测试仪输入电源为交流电源。电源范围为 AC 220V±10%，电源频率为 50Hz，在该范围内如电源不稳定则有可能造成仪器异常动作或损坏测试仪内部元件。

3）工作测试台。在进行等耐压测试时，本测试仪必须放在非导电材料的工作台上，操作人员和待测物之间不得使用任何导电材料。操作人员不得跨越待测物去操作、调整耐压测试仪。

测试仪工作区及其周围的空气不能含有可燃气体，不得在易燃物旁边使用测试仪，以免引起爆炸和火灾。

4）操作人员。误操作时，测试仪所输出电压和电流足以造成人员伤亡，因此该仪器必须由训练合格的人员使用和操作。操作人员操作仪器时不可穿带有金属装饰的衣服或佩戴金属饰物，如手表等。测试仪绝对不能让有心脏病或佩戴心率调整器的人员操作。

5）安全要点如下：

① 非合格的操作人员和不相关的人员应远离高压测试区。

② 随时保证高压测试区在安全和有秩序的状态下。

③ 在高压测试进行中绝对不碰触测试物件或任何与待测物有连接的物件。

④ 万一发生任何问题，请立即关闭高压输出和输入电源。

⑤ 在耐压测试后，必须先妥善放电，才能进行拆除测试线的工作。

⑥ 使用前注意事项：本测试仪最高输出电压可达 5kV，任何不正确的操作都可能导致意外事故的发生，甚至造成人员死亡。因此，为了使用者使用前必须详细阅读操作说明和注意事项。

A. 预防触电。为了预防触电事故的发生，在使用本测试仪前，操作者必须戴上绝缘的橡胶手套，脚下垫绝缘橡胶垫，再从事通电后的有关工作，以防高压电击造成生命危险。

B. 仪器处于测试状态。当本测试仪处于测试状态下，测试线、待测物、测试探头和输出端都带有高压，请不要触摸。

C. 更换待测物。当一个待测物测试完毕，更换另一个待测物时，请务必确认：测试仪处于"复位"状态；测试灯熄灭。特别注意：更换待测物时，不要用手触摸高压探头。

D. 开启或关闭电源开关。一旦电源开关被切断，再度开启时，则需等待几秒，千万不要对电源开关做连续开与关的动作，以免产生错误的动作损坏测试仪。尤其是正当高压输出的状态下，连续做电源的开与关是非常危险的。

开启或关闭电源时，高压输出端不可连接任何物品，以免因不正常高压输出造成危险。

不要使本测试仪的输出线、接地线与传输线或其他连接器的地线或交流电源线短路，以免测试仪整体带电。

E. 及时处理。为了在任何危急的情况下，如触电、待测物燃烧或主机燃烧时，以免造成更大的损失，一定要首先切断电源开关，再将电源线的插头拔掉。

F. 问题的发生。以下所列都是非常危险的情况，即使按下<复位>键，其输出端仍可能有高压输出，因此必须非常小心：

a. 当按下<复位>键，测试灯仍持续点亮。

b. 电压表没有电压读值，但测试灯仍点亮。

当发生上述状况时，请务必停止实验，立即关掉电源并拔掉电源插头，不要再使用，此故障是非常危险的，应立即上报实验技术管理人员，以待维修处理。

G. 测试灯故障。当发现按下<启动>键后，电压表已有读值，但测试灯仍没有点亮，此时有可能是测试灯故障，请立即关机，上报以待维修处理。

H. 其他注意事项。

a. 仪器必须可靠接地。

b. 切勿将输出地线与交流电源线短路，以免外壳带有高压，造成危险。

c. 尽可能避免高压输出端与地短路，以防发生意外。

d. 电源线三芯插座，相线、零线、地线一定要接对。

e. 仪器空载调整高压时，漏电流参考值设定在 0.5mA 处，漏电流监视表头有起始电流，均属正常，不影响测试精度。

f. 在连接被测物时，必须保证高压输出为 0 及在复位状态。

g. 测试灯、超限灯一旦损坏，必须立即更换，以防造成误判。

h. 切换测试功能（即耐压、漏电流和接地电阻功能）时，必须确保在复位状态下（即测试灯熄灭时）才能进行功能的切换操作！严禁在启动（测试灯亮时）进行测试功能切换。

5.1.6　思考题

1）测量绝缘电阻应注意的问题有哪些？

2）测量耐电压时如何确定漏电流？

5.2 | 接地电阻测量实验

5.2.1　实验目的

1）在保护接地系统、保护接零系统、防雷系统及防静电系统等各类系统中，接地电阻都是测试接地装置的重要参数。接地电阻是指电流经过接地体进入大地并向周围扩散时所遇到的电阻。在掌握接地电阻测量仪的工作原理和测量接地电阻操作方法的基础上，对接地装置接地电阻进行测试，进而判断接地的有效性，并掌握降低接地电阻的方法。

2）培养学生作为未来安全工程师的责任感，树立诚实守信、严谨负责的职业道德观；培养学生团队意识和协作精神。

5.2.2　实验原理与器材

1. 实验原理

大地具有一定的电阻率，有电流流过时，大地各处就具有不同的电位。电流经接地体注入大地后，以电流场的形式向四处扩散，离接地点越远，半球形的散流面积越大，地中的电流密度就越小，因此可认为在较远处（15~20m 以外）单位扩散距离的电阻及地中电流密度已接近零，该处电位已为零电位。

接地点处的电位 U_m 与接地电流 I 的比值定义为该点的接地电阻 R，$R = U_m/I$。当接地电流为定值时，接地电阻越小，则电位 U_m 越低，反之则越高。接地电阻主要取决于接地装置的结构、尺寸、埋入地下的深度及当地的土壤电阻率。

接地电阻测试就是测量在地下的接地装置电阻和土壤的散流电阻，这项测试是电力电气行业安全测试的重要事项之一。以下是各个应用系统中接地电阻的标准要求：

1）用于安全保护的接地电阻应不大于 4Ω。

2）用于防雷保护的接地电阻应不大于 10Ω。

3）用于交流和直流工作的接地电阻应不大于 4Ω。

4）用于防静电的接地电阻一般要求不大于 100Ω。

5）共用接地体的接地电阻应不大于 1Ω。

2. 实验器材

实验所用 HT2571 数字接地电阻测量仪摒弃传统的人工手摇发电工作方式，采用先进的中大规模集成电路，它是应用 DC/AC 变换技术将三端钮、四端钮测量方式合并为一种机型的新型接地电阻测量仪。

该仪器的工作原理是，机内 DC/AC 变换器将直流变为交流的低频恒流，经过辅助接地极 C 和被测物 E 组成回路，于是被测物上产生交流压降，经辅助接地极 P 送入交流放大器放大，再经过检波送入表头显示。

5.2.3　实验步骤

图 5-2-1 为接地电阻测量接线示意图。

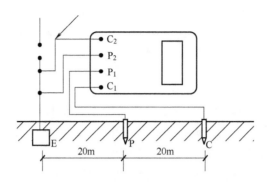

图 5-2-1　接地电阻测量接线示意图

实验分组各团队成员需要通力协作完成各项任务，并轮换任务，掌握选择探针点位、布线、使用实验仪器、准确记录实验数据的各项实验技能。

1）根据图 5-2-1，被测接地极 E（C_2、P_2）和电位探针 P_1 及电流探针 C_1，依直线彼此相距 20m，且电位探针处于 E、C 中间位置，按上述要求将探针插入大地。

2）用专用导线将地阻仪端子 E（C_2、P_2）、P_1、C_1 与探针所在位置对应连接。测量保护接地电阻时，一定要断开电气设备与电源连接点。在测量小于 1Ω 的接地电阻时，应分别用专用导线连在接地体上，C_2 在外侧，P_2 在内侧。

3）开启地阻仪电源开关"ON"，选择合适档位轻按按键，该档指示灯亮，表头 LCD 显示的数值即为被测得的接地电阻。

4）实验完毕，关闭测试仪电源开关，拆下测试线，并将 20m、40m 两条测试线分别绕到线轴上，放置到专用的存放位置。

5.2.4　实验结果及分析

1）注意选择适当的量程，记录三次测得的接地电阻值，计算平均值，严谨、认真核对实验数据的单位，并判定接地电阻是否合格。

2）分析测量接地电阻可能的误差原因及减少误差的对策。

5.2.5　注意事项

1）使用接地电阻测试仪的时候注意：电流极插入土壤的位置应使接地棒处于零电位的状态。

2）测试宜选择土壤电阻率大的时候进行，如初冬或夏季干燥季节时进行。下雨后和土壤吸收水分较多的时候，以及气候、温度、压力等急剧变化时不能测量。

3）测量保护接地电阻时，一定要断开电气设备与电源连接点。在测量小于 1Ω 的接地电阻时，应分别用专用导线连在接地体上，C_2 在外侧 P_2 在内侧。

4）连接线应使用绝缘良好的导线，以免接地电阻测试仪有漏电现象。存放保管本表时，应注意环境温度湿度，应放在干燥通风的地方为宜，避免受潮，应防止接触酸、碱及腐蚀气体。

5）测量地电阻时最好在不同的方向测量 3~4 次，取其平均值。

6）当表头左上角显示 "←" 时表示电池电压不足，应更换新电池。仪表长期不用时，应将电池全部取出，以免锈蚀仪表。接地线路要与被保护设备断开，以保证测量结果的准确性。

5.2.6 思考题

1）P_1、C_1 各代表什么电极？在测量中可以起到什么作用。

2）影响土壤电阻率测量的因素有哪些？

5.3 漏电保护装置性能实验

5.3.1 实验目的

1）综合运用电气安全保护装置知识，在掌握漏电保护装置原理、类型、应用的基础上，通过对漏电保护装置性能的测试，判断漏电保护的有效性，并掌握漏电保护装置正确的使用和维护方法。

2）通过测试漏电保护装置性能参数，理解额定动作电流和额定分段时间测试的作用，理解分级保护的作用，树立科技创新、探索求真的科学精神，提升未来安全工程师的职业责任感和使命感。

5.3.2 实验原理与器材

1. 实验原理

漏电保护装置可以用于防止由漏电引起的单相电击事故、防止由漏电引起的火灾和设备烧毁事故、检测和切断各种一相接地故障，有的漏电保护装置还可用于过载、过电压、欠电压和缺相保护。

图 5-3-1 是某三相四线制供电系统漏电保护器的工作原理图。图中，TA 为零序电流互感器，QF 为主开关，TL 为主开关 QF 的分励脱扣器线圈。

当被保护电路发生漏电或有人触电时，由于漏电电流的存在，通过 TA 一次侧各相负荷电流的相量和不再等于零，即 $\dot{I}_{L1} + \dot{I}_{L2} + \dot{I}_{L3} + \dot{I}_N \neq 0$ 产生了剩余电流，TA 二次绕组就有感应电动势产生，此信号经中间环节进行处理和比较，当达到预定值时，使主开关分励脱扣器线圈 TL 通电，驱动主开关 QF 自动跳闸，迅速切断被保护电路的供电电源，从而实现保护。

测试动作电流过程，在实验测试电路中，仪器中提供一个泄漏电流，逐渐增加泄漏电流数值，直至使待测漏电保护装置动作；测试分段时间过程，在实验测试电路中，仪器模拟一个大于动作电流数值的泄漏电流，使待测漏电保护装置动作。

通过测试漏电保护装置性能参数，理解额定动作电流和额定不动作电流的作用、漏电保

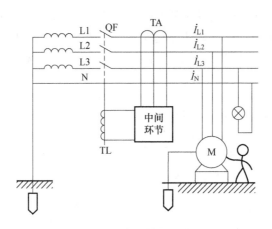

图 5-3-1 漏电保护器工作原理

护装置灵敏度分类的情况、分级保护的作用，了解漏电保护装置在触电、漏电火灾等事故预防中的作用，增强安全专业人员的职业责任感和使命感。

2. 实验器材

漏电保护装置综合性能测试仪、漏电保护器、实验台、连接导线、接线端子。

5.3.3 实验步骤

1）熟悉待测漏电保护器型号，选取单相漏电保护器进行测试。

2）用专用导线将漏电保护器 L 进线、N 进线和 L 出线分别与测试仪的电源端、中线和负荷端，漏电断路器设置在分断状态。

3）测漏电断路器的动作电流：

① 接通仪器显示屏电源，旋转功能旋钮，选定动作电流测试功能。

② 选择 12~150mA 量程，接通测试端试品电源，按漏电断路器的确认按钮，合上待测漏电断路器，显示初试泄漏电流 11.6mA。

③ 缓慢顺时针旋转泄漏电流调节旋钮，观察漏电电流数值逐渐增加，直到断路器动作切断电源，漏电数值显示的数值为测得的动作电流，记录动作电流数据。

④ 逆时针旋转泄漏电流调节旋钮到最小值位置。

⑤ 第 2 次测试，重复上述第②~④步骤。

⑥ 第 3 次测试，重复上述第②~④步骤，不旋转泄漏电流调节旋钮。

4）测试漏电断路器的分段时间：

① 泄漏电流保持在动作位置，旋转功能旋钮，选定分段时间测试功能。

② 按漏电断路器的"确认"按钮，合上待测漏电断路器，按动模拟按钮，断路器迅速动作切断电源，显示屏上记录的时间为测得的分段时间，记录分段时间数据。

5.3.4 实验结果及分析

将实验数据记入表 5-3-1，并判断被测的漏电断路器的是否合格。

表 5-3-1　实验结果记录表

被测 RCD 型号	测得动作电流/mA	额定动作电流/mA	测得分段时间/ms	最大分段时间/ms	判定是否合格
平均值					

5.3.5　注意事项

1）顺时针方向转动泄漏电流调节旋钮，务必保持均匀慢速。

2）测试结束后，关闭电流源开关；逆时针方向将泄漏电流调节旋钮旋到底，将测试线及时脱离交流电路。

5.3.6　思考题

如何根据动作性能参数选择漏电保护器预防触电和火灾事故？

第6章
工业通风与除尘实验

6.1 通风除尘系统风压、风量测定实验

6.1.1 实验目的

通风除尘系统的风压、风量是重要的系统性能参数,也是衡量系统通风除尘能力优劣的重要因素。本实验的目的如下:

1) 熟悉测定仪表的各部分功能及使用方法。

2) 掌握测定通风除尘系统管道中风压、风量的方法。

3) 理解抽出式通风时风流任意一点的全压、静压和动压的相互关系。

6.1.2 实验原理与器材

1. 实验原理

皮托管是测量气流压力的一种装置,分为 L 型与 S 型,常用的为 L 型(图 6-1-1)。L 型皮托管由一个圆形头部的双层套管组成,由内、外两根细金属管组成,内管前端中心有孔,与标有"+"号的管脚相通。外管前端封闭,在其管壁开有小孔,与标有"-"号的管脚相通。皮托管可分别测出气流的全压(总压)、静压,经过计算可得气流的动压、流速、流量。

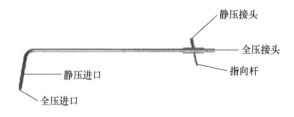

图 6-1-1　L 型皮托管示意图

测量时,应将皮托管安放在待测气流中,中心孔正对风流。

(1) 风压测定

风流中某点的全压与静压、动压之间的关系如下:

$$p_q = p_d + p_j \tag{6-1-1}$$

式中，p_q 为风流中某点的全压（Pa）；p_d 为风流中某点的动压（Pa）；p_j 为风流中某点的静压（Pa）。

（2）风量测定（采用动压法测定）

首先，求出风流内某点的动压，计算公式如下：

$$p_d = v^2 \rho / 2 \tag{6-1-2}$$

式中，v 为风流内某点的空气流速（m/s）；ρ 为空气的密度量（kg/m³）。

则由上式可得该点风速：

$$v = (2p_d / \rho)^{1/2} \tag{6-1-3}$$

根据已知测定断面的面积、风速，可求得此处的风量：

$$Q = v_s S \tag{6-1-4}$$

式中，Q 为通过测定断面的风量（m³/s）；v_s 为该断面上的平均风速（m/s）；S 为测定断面的面积（m²）。

2. 实验器材

Fluke 922 型空气流量计（配备黄、黑软管各 1 根），L 型皮托管。

6.1.3　实验步骤

1. 选择测定断面

在通风管道的平直段选定一个断面，将皮托管插入风道内，管嘴位于断面的中心并正对风流方向（图 6-1-2）。

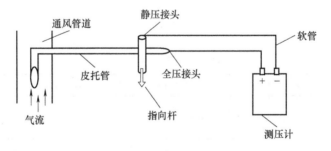

通风管道　　静压接头　　软管

皮托管　　全压接头

气流　　指向杆　　测压计

图 6-1-2　风量测量实验示意图

为减少气流扰动对测定结果的影响，测定断面应在气流平直扰动少的直管段上选择。一般要求：测定断面设在局部构件前，距离要大于 3 倍管道直径，设在局部构件后相隔距离应大于 6 倍管道直径。

2. 风压测定

1）按下流量计的<PRESSURE>键，进入压力测量模式。将单根软管与流量计的"Input（+）"端口进行连接，保持"Ref(-)"端口不连接。

2）在软管向周围环境敞开时，按住<Zero>键 2s。

3）根据所需测量压力的类型（全压或静压），将软管与皮托管对应的压力接头进行连接。仪表显示压力数值（分为正值、负值），代表测量区域相对于仪表所处位置的差压。

4）分别测量该位置的全压、静压两个数值。每个位置测量三次，取平均值。

5）更换测定断面位置，按照上述方法测量各处压力。

6）调整风机阀门开度，按上述方法可测定不同工况下的各断面压力值。

3. 风量测定

1）按下流量计的<FLOW VOLUME>键，进入流量测量模式。

2）仪表要求选择管道形状和尺寸。按<▲><▼>键选择合适的管道类型（矩形或圆形）。按<SAVE ENTER>键保存。重复上述操作，选择不同管道类型下的管道尺寸。

3）将软管连接到皮托管，再连接到流量计。流量计上的"Input(+)"端口连接皮托管全压接口的黄色软管。"Ref(−)"端口连接皮托管静压接口的黑色软管。

4）在皮托管向周围环境敞开时，按住<Zero>键2s。

5）将皮托管插入风道内，管嘴位于断面的中心并正对风流方向。

6）仪表显示风量数值。如果测量值显示为负值，需检查并确保软管已连接到仪表及皮托管的正确端口。

7）每个位置测量三次，取平均值。

8）更换测定断面位置，按照上述方法进行测量。

9）可根据各断面（点）的动压、管径计算风速、风量，与仪表测量的结果进行对比。

10）调整风机阀门开度，按上述方法可测定不同工况下的各断面的风量。

6.1.4 实验数据记录

1. 风压测定数据记录

选取三个测定断面（点），分别测量各处的压力，记入表6-1-1。

表6-1-1 测点记录表

测 定 点	次　　数	全压/Pa	静压/Pa	动压/Pa
A	1			
	2			
	3			
	平均			
B	1			
	2			
	3			
	平均			
C	1			
	2			
	3			
	平均			

2. 风量测算数据记录

选取三个测定断面（点），分别测量各处的风量，记入表 6-1-2。

表 6-1-2　测点风速、风量记录表

测　定　点	次　　数	动压/Pa	风速/（m/s）	风量/（m³/s）
A	1			
	2			
	3			
	平均			
B	1			
	2			
	3			
	平均			
C	1			
	2			
	3			
	平均			

6.1.5　注意事项

1）测量风压、风量时，注意要将软管正确连接到流量计的对应端口上。

2）为了增加测定的准确性，每次测量前，必须按住流量计的<Zero>键 2s，进行清零校正。

3）正确选择测定断面，远离三通、阀门等局部构件。否则，会导致测量结果偏离实际值。

4）由于气流速度在测定断面上的分布是不均匀的，为测得该断面上的平均风速，可多点测量，测点位置的布置可参考相关资料。

5）用皮托管测定管道内气流速度，仅适用风速不小于 5m/s 的场合。

6）测定除尘系统的风量时，为了避免除尘管的测压孔堵塞，应采用 S 型测压管。

6.1.6　思考题

根据动压法计算的风量与流量计直接测得的风量为何会存在误差？如何减小此类误差？

6.2 | 除尘器性能测定实验

6.2.1　实验目的

除尘器是通风除尘系统的核心设备之一，其性能（除尘效率、压力损失）的优劣直接影响系统的运行状况。本实验的目的如下：

1）熟悉两种除尘器的工作原理、设备结构和性能特点。

2）熟悉不同工况下除尘器的性能的变化规律。

6.2.2 实验原理

1. 实验原理

（1）旋风除尘器

旋风除尘器是利用旋转的含尘气体所产生的离心力，将粉尘从气流中分离出来的一种干式气-固分离装置（图6-2-1）。它对于捕集、分离 $5 \sim 10 \mu m$ 以上的粉尘效率较高，被广泛地应用于化工、石油、冶金、建筑、矿山、机械、轻纺等工业部门。其特点如下：

1）结构简单，器身无运动部件，不需特殊的附属设备，占地面积小，制造、安装投资较少。

2）操作、维护简便，压力损失中等，动力消耗不大，运转、维护费用较低。

3）操作弹性较大，性能稳定，不受含尘气体的浓度、温度的限制。

（2）袋式除尘器

袋式除尘器是含尘气体通过滤袋（简称布袋）滤去其中粉尘粒子的分离捕集装置，是一种干式高效过滤式除尘器（图6-2-2）。袋式除尘器自19世纪中叶开始应用于工业以来，不断发展，到了20世纪50年代，由于合成纤维滤料的出现及脉冲清灰和滤袋自动检漏等新技术的应用，袋式除尘器得到进一步发展并开辟了广阔的应用前景。其特点如下：

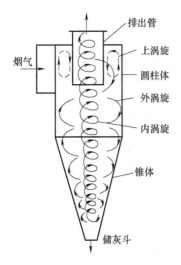

图 6-2-1 旋风除尘器工作原理

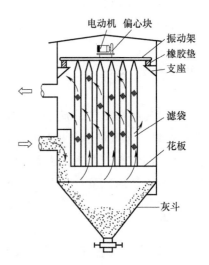

图 6-2-2 袋式除尘器工作原理

1）对净化含微米或亚微米数量级的粉尘粒子的气体效率较高，一般可达99%。

2）可以捕集多种干式粉尘，特别是对于高比电阻粉尘，比使用电除尘器的净化效率高很多。

3）含尘气体浓度在相当大的范围内变化对袋式除尘器的除尘效率和阻力影响不大。

4）可满足设计制造出适应不同气量的含尘气体的要求。

5）运行性能稳定、可靠，没有污泥处理和腐蚀等问题，操作维护简单。

2. 数据测定方法

（1）处理气体量的测定和计算

可直接用孔板流量计测量。在除尘器及管路密封良好的情况下，也可用皮托管测定，即采用动压法测定处理气体量。

测得除尘器进、出口管道中气体动压后，气速可按下式计算：

$$\begin{cases} v_1 = \sqrt{2p_{v_1}/\rho_g} \\ v_2 = \sqrt{2p_{v_2}/\rho_g} \end{cases} \tag{6-2-1}$$

式中，v_1 为除尘器进口管道气速（m/s）；v_2 为除尘器出口管道气速（m/s）；p_{v_1} 为进口管道断面平均动压（Pa）；p_{v_2} 为出口管道断面平均动压（Pa）；ρ_g 为气体密度（kg/m³）。

除尘器进、出口管道中的气体流量 Q_1、Q_2 用下式计算：

$$\begin{cases} Q_1 = F_1 v_1 \\ Q_2 = F_2 v_2 \end{cases} \tag{6-2-2}$$

式中，Q_1 为除尘器进口管道气体流量（m³/s）；Q_2 为除尘器出口管道气体流量（m³/s）；F_1 为除尘器进口管道断面面积（m²）；F_2 为除尘器出口管道断面面积（m²）。

取除尘器进、出口管道中气体流量平均值作为除尘器的处理气体量 Q：

$$Q = \frac{1}{2}(Q_1 + Q_2) \tag{6-2-3}$$

（2）压力损失的测定和计算

除尘器压力损失（Δp）为其进、出口管道中气流的平均全压之差。

当除尘器进出口管道的断面面积相等时，则可采用其进、出口管道中的气体的平均静压之差计算：

$$\Delta p = p_{j1} - p_{j2} \tag{6-2-4}$$

式中，p_{j1} 为除尘器进口管道气体的平均静压（Pa）；p_{j2} 为除尘器出口管道气体的平均静压（Pa）。

考虑到除尘器在运行过程中，其压力损失随运行时间产生一定变化。因此，在测定压力损失时，应每隔一定时间连续测定（一般可考虑 5 次），并取其平均值作为除尘器的压力损失（Δp）。

除尘器的局部阻力系数 ζ 按下式计算：

$$\Delta p = p_{q1} - p_{q2} = \zeta \frac{v_1^2}{2} \rho \tag{6-2-5}$$

式中，p_{q1} 为除尘器前测定断面上空气的全压（Pa）；p_{q2} 为除尘器后测定断面上空气的全压（Pa）；ζ 为除尘器的局部阻力系数；v_1 为除尘器进口风速（m/s）；ρ 为空气的密度（kg/m³）。

由于除尘器进出口的管径相等，故两者动压相等，上式可简化为如下形式：

$$\Delta p = p_{j1} - p_{j2} = \zeta \frac{v_1^2}{2}\rho \tag{6-2-6}$$

则可得局部阻力系数 ζ 计算公式：

$$\zeta = \frac{p_{q1}-p_{q2}}{\frac{v_1^2}{2}\rho} \quad \text{或} \quad \zeta = \frac{p_{j1}-p_{j2}}{\frac{v_1^2}{2}\rho} \tag{6-2-7}$$

利用皮托管、测压计测出除尘器进、出口的静压差，代入上式，即可求得。

（3）除尘效率的测定和计算

除尘器效率可按下式计算：

$$\eta = \frac{G_2}{G_1} \times 100\% \tag{6-2-8}$$

式中，η 为除尘器效率（%）；G_1 为进入除尘器的粉尘量（g）；G_2 为除尘器捕集的粉尘量（g）。

按上式进行除尘效率测定，称为称重法，多应用于科学研究。

除尘效率也可采用质量浓度法测定，即同时测出除尘器进、出口管道中气流的平均含尘浓度 C_1 和 C_2，按下式计算：

$$\eta = \left(1 - \frac{C_2 Q_2}{C_1 Q_1}\right) \times 100\% \tag{6-2-9}$$

在除尘器不发生漏风的情况下，即 $Q_1 = Q_2$，上式可简化为如下形式：

$$\eta = \frac{C_1 - C_2}{C_1} \times 100\% \tag{6-2-10}$$

式中，C_1 为除尘器进口空气含尘浓度（mg/m³）；C_2 为除尘器出口空气含尘浓度（mg/m³）。

上述方法多应用于生产现场。

本实验既可采用称重法进行测量，也可利用实验装置中的光学原理粉尘传感器，采用质量浓度法进行测定。

3. 实验器材

（1）THENSD-2 型数据采集旋风除尘与袋式除尘组合实验该装置

实验装置如图 6-2-3 所示。

该装置采用旋风-布袋组合工艺对含尘气体进行处理：利用机械与过滤两种除尘原理，去除空气中粒径 $\geq 0.5 \mu m$ 的粉尘，以达到净化空气的目的。

1）装置组成。具体包括：

① 对象系统（不锈钢框架）：由引风机、振动电动机、粉尘加料装置、喇叭口进风管、出风管、旋风除尘器、袋式除尘器、风量调节阀、测压环、数据采集系统等组成。

② 控制系统：由电气控制箱、漏电保护器、控制开关、指示灯、微型数据打印机、触摸屏、可编程逻辑控制器（PLC）等组成。

2）工艺流程。含尘气体在系统负压作用下，以一定速度由入口切向进入旋风除尘器的

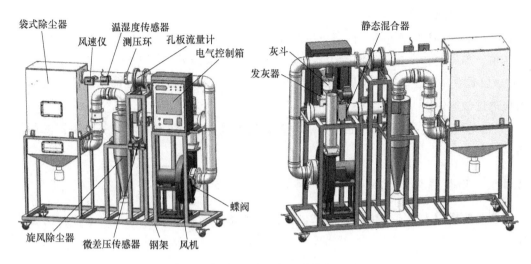

图 6-2-3　实验装置

筒体，沿其内部的通道进行旋转，依靠离心惯性力使粉尘脱离旋转的气流，沉积到旋风除尘器内壁上，最后经排灰管排出并收集，未被分离下来的微细粉尘随排出气流到下一级袋式除尘器。粉尘被滤袋阻隔后滞留在滤袋的内表面，当粉尘达到一定厚度，经一定的振打周期，由振动电动机通过振动支架使滤袋发生高频振动，抖落的粉尘经排出管排出收集，净化后的气体由风机排入大气。

（2）其他实验设备

测压计（Fluke 922 型空气流量计）、L 型皮托管。

6.2.3　实验步骤

1. 测定不同工况下各除尘器的除尘效率

1）检查设备外部构件是否完好和全部电气连接线有无异常，一切正常后开始操作。

2）合上电控箱上"电源总开关"，此时"U""V""W"三相指示灯亮；按下面板上的"启动"按钮，触摸屏、发灰调速器面板、微型数据打印机得电；单击触摸屏界面上的"启动控制"按钮，进入触摸屏"控制界面"。

3）打开风机进风口处蝶阀，并在灰斗处装入一定量的烘干的滑石粉；按下触摸屏控制界面上的"引风机"和"疏松电动机"按钮及面板调速上的"FWD"按钮，并调节"发灰调速"面板调速旋钮，控制螺旋输送器的输送速度，把滑石粉送入进风管道。

4）进入触摸屏"实时数据"界面，观察各个数据的变化情况；调节蝶阀开度或者面板调速器上的旋钮，进行不同处理气体量、不同发灰浓度下的实验，并将不同条件下测得的数据打印出来。

5）实验中，若需清理布袋，应先关闭引风机与发灰电动机，等引风机与发灰电动机彻底停止运行后，再打开振打电动机。

6）实验完毕后，按下面板上的"停止"按钮，并断开电源总开关，结束实验。

2. 测定除尘器局部阻力系数

1）利用皮托管和测压计，按照风压测定步骤，分别测出旋风除尘器、袋式除尘器前后的全压值、静压值，计算得出两除尘器前后的全压差、静压差。

2）根据除尘器进口处的全压值、静压值，可求出各除尘器进口处的动压值，进而可求出对应的进口风速。

3）将进口风速、全压差、空气密度等参数代入式（6-1-7），可求出各除尘器的局部阻力系数。

6.2.4 实验数据记录及处理

将实验数据记入表 6-2-1 和表 6-2-2。根据所测得的数据计算出各工况条件下的粉尘去除率。

表 6-2-1 各工况条件下的数据及粉尘去除率

入口粉尘温度/℃		入口粉尘湿度（%）	
出口粉尘温度/℃		出口粉尘湿度（%）	
工况 1-1（改变风量）			
风量/（m³/s）		风速/（m/s）	
旋风除尘器入口粉尘浓度/（mg/m³）		旋风除尘器出口粉尘浓度/（mg/m³）	袋式除尘器出口粉尘浓度/（mg/m³）
旋风除尘器去除率（%）		袋式除尘器去除率（%）	
旋风除尘器压力损失/Pa		孔板流量计压力损失/Pa	袋式除尘器压力损失/Pa
工况 1-2（改变风量）			
风量/（m³/s）		风速/（m/s）	
旋风除尘器入口粉尘浓度/（mg/m³）		旋风除尘器出口粉尘浓度/（mg/m³）	袋式除尘器出口粉尘浓度/（mg/m³）
旋风除尘器去除率（%）		袋式除尘器去除率（%）	
旋风除尘器压力损失/Pa		孔板流量计压力损失/Pa	袋式除尘器压力损失/Pa
工况 1-3（改变风量）			
风量/（m³/s）		风速/（m/s）	
旋风除尘器入口粉尘浓度/（mg/m³）		旋风除尘器出口粉尘浓度/（mg/m³）	袋式除尘器出口粉尘浓度/（mg/m³）
旋风除尘器去除率（%）		袋式除尘器去除率（%）	
旋风除尘器压力损失/Pa		孔板流量计压力损失/Pa	袋式除尘器压力损失/Pa

（续）

<table>
<tr><td colspan="8" align="center">工况 2-1（改变入口粉尘浓度）</td></tr>
<tr><td colspan="2">风量/（m³/s）</td><td></td><td colspan="3">风速/（m/s）</td><td></td></tr>
<tr><td colspan="2">旋风除尘器入口
粉尘浓度/（mg/m³）</td><td></td><td colspan="2">旋风除尘器出口
粉尘浓度/（mg/m³）</td><td colspan="2">袋式除尘器出口
粉尘浓度/（mg/m³）</td><td></td></tr>
<tr><td colspan="2">旋风除尘器去除率（%）</td><td></td><td colspan="3">袋式除尘器去除率（%）</td><td></td></tr>
<tr><td colspan="2">旋风除尘器压力
损失/Pa</td><td></td><td colspan="2">孔板流量计压力
损失/Pa</td><td colspan="2">袋式除尘器压力
损失/Pa</td><td></td></tr>
<tr><td colspan="8" align="center">工况 2-2（改变入口粉尘浓度）</td></tr>
<tr><td colspan="2">风量/（m³/s）</td><td></td><td colspan="3">风速/（m/s）</td><td></td></tr>
<tr><td colspan="2">旋风除尘器入口
粉尘浓度/（mg/m³）</td><td></td><td colspan="2">旋风除尘器出口
粉尘浓度/（mg/m³）</td><td colspan="2">袋式除尘器出口
粉尘浓度/（mg/m³）</td><td></td></tr>
<tr><td colspan="2">旋风除尘器去除率（%）</td><td></td><td colspan="3">袋式除尘器去除率（%）</td><td></td></tr>
<tr><td colspan="2">旋风除尘器压力
损失/Pa</td><td></td><td colspan="2">孔板流量计压力
损失/Pa</td><td colspan="2">袋式除尘器压力
损失/Pa</td><td></td></tr>
<tr><td colspan="8" align="center">工况 2-3（改变入口粉尘浓度）</td></tr>
<tr><td colspan="2">风量/（m³/s）</td><td></td><td colspan="3">风速/（m/s）</td><td></td></tr>
<tr><td colspan="2">旋风除尘器入口
粉尘浓度/（mg/m³）</td><td></td><td colspan="2">旋风除尘器出口
粉尘浓度/（mg/m³）</td><td colspan="2">袋式除尘器出口
粉尘浓度/（mg/m³）</td><td></td></tr>
<tr><td colspan="2">旋风除尘器去除率（%）</td><td></td><td colspan="3">袋式除尘器去除率（%）</td><td></td></tr>
<tr><td colspan="2">旋风除尘器压力
损失/Pa</td><td></td><td colspan="2">孔板流量计压力
损失/Pa</td><td colspan="2">袋式除尘器压力
损失/Pa</td><td></td></tr>
</table>

表 6-2-2　除尘器局部阻力系数

测定次数	旋风除尘器				袋式除尘器			
	进口静压 /Pa	出口静压 /Pa	静压差 /Pa	局部阻力 系数	进口静压 /Pa	出口静压 /Pa	静压差 /Pa	局部阻力 系数
1								
2								
3								
平均值								

6.2.5　注意事项

1）使用环境必须符合工作条件。

2）装置应在干燥状态下于阴凉处放置，避免风吹雨淋。

3）按照实验指导书连接好线路后，仔细检查线路是否连接正确、电源有无接反。确认无误后方可接通电源开始实验。

4）实验完毕后，及时清洁除尘器箱体。

5）定期擦拭装置，防止灰尘堆积。

6）非专业技术员请勿对实验装置进行维修。

6.2.6 思考题

1）粉尘去除效率与哪些因素有关？

2）粉尘去除效率随风量和粉尘入口浓度的变化呈何种变化趋势？

7

第7章
安全检测实验

7.1 超声波测厚实验

7.1.1 实验目的

超声波测厚是根据超声波脉冲反射原理来进行厚度测量的, 当探头发射的超声波脉冲通过被测物体到达材料分界面时, 脉冲被反射回探头, 通过测量超声波在材料中传播的时间来确定被测材料的厚度。凡能使超声波以某一恒定速度在其内部传播的各种材料均可采用此原理测量。按此原理设计的测厚仪可对各种板材和各种加工零件进行测量, 也可以监测生产设备中各种管道和压力容器在使用过程中受腐蚀后的减薄程度。超声波测厚可广泛应用于石油、化工、冶金、造船、航空、航天等各个领域。本实验目的如下:

1) 了解超声波测厚的应用范围及特性。

2) 掌握超声波测厚的基本原理和测厚仪器的操作方法。

3) 验证压力容器的筒体、封头"曲面"壁厚的变化情况。

4) 了解超声波检测技术的广泛应用领域, 掌握超声波检测仪对生产设备中各种管道和压力容器进行检测的技术方法, 监测受测管道和压力容器在运行中的受腐蚀情况和减薄程度, 及时发现设备的安全隐患, 并加以防范和控制, 增强安全生产的责任感和使命感。

7.1.2 实验原理与器材

1. 实验原理

超声波测厚是根据超声波脉冲反射原理来进行厚度测量: 当探头发射的超声波脉冲通过被测物体到达材料分界面时, 脉冲被反射回探头, 通过精确测量超声波在材料中传播的时间来确定被测材料的厚度。凡能使超声波以某一恒定速度在其内部传播的各种材料均可采用此原理测量。

(1) 一般测量方法

1) 单点测量法。在一点处用探头进行两次测厚, 在两次测量中探头的分割面要互为90°, 取较小值为被测工件厚度值。

2) 多点测量法。当测量值不稳定时, 以一个测定点为中心, 在直径约为30mm的圆内进行多次测量，取最小值为被测工件厚度值。

3）精准测量法。在规定的测量点周围增加测量数目，厚度变化用等厚线表示。

4）连续测量法。用单点测量法沿指定路线连续测量，间隔不大于5mm。

5）网格测量法。在被测件指定区域画上网格，按点测厚并记录。此方法在高压设备、不锈钢衬里的腐蚀监测中广泛使用。

（2）影响超声波测厚仪示值的因素

1）工件表面粗糙度过大，造成探头与接触面耦合效果差，反射回波低，甚至无法接收到回波信号。对于表面锈蚀，耦合效果极差的在役设备、管道等可通过磨、挫等方法对表面进行处理，降低粗糙度，同时可以将氧化物及油漆层去除，露出金属光泽，使探头与被检物通过耦合剂能达到很好的耦合效果。

2）工件曲率半径太小，尤其是对小径管测厚时，因常用探头表面为平面，与曲面接触为点接触或线接触，声强透射率低（耦合不好）。可选用小管径专用探头（6mm），能较好地测量管道等曲面材料。

3）检测面与底面不平行，声波遇到底面产生散射，探头无法接收到底波信号。

4）铸件、奥氏体钢因组织不均匀或晶粒粗大，超声波在其中穿过时产生严重的散射衰减，被散射的超声波沿着复杂的路径传播，有可能使回波湮没，造成不显示。可选用频率较低的粗晶专用探头（2.5MHz）。

5）探头接触面有一定磨损。常用测厚探头表面为丙烯树脂，长期使用会使其表面粗糙度增加，导致灵敏度下降，从而造成显示不正确。可选用500目砂纸打磨，使其平滑并保证平行度。若仍不稳定，则考虑更换探头。

6）被测物背面有大量腐蚀坑。由于被测物另一面有锈斑、腐蚀凹坑，造成声波衰减，导致读数无规则变化，在极端情况下甚至无读数。

7）被测物体（如管道）内有沉积物，当沉积物与工件声阻抗相差不大时，测厚仪显示值为被测物体壁厚加沉积物厚度。

8）当材料内部存在缺陷（如夹杂、夹层等）时，显示值约为公称厚度的70%，此时可用超声波探伤仪进一步进行缺陷检测。

9）温度的影响。一般固体材料中的声速随其温度升高而降低，有实验数据表明，热态材料每增加100℃，声速下降1%。高温在役设备常常碰到这种情况。应选用高温专用探头（300~600℃），切勿使用普通探头。

10）层叠材料、复合（非均质）材料。要测量未经耦合的层叠材料是不可能的，因超声波无法穿透未经耦合的空间，而且不能在复合（非均质）材料中匀速传播。对于由多层材料包扎制成的设备，测厚时要特别注意，测厚仪的示值仅表示与探头接触的那层材料的厚度。

11）耦合剂的影响。耦合剂用来排除探头和被测物体之间的空气，使超声波能有效地穿入工件，达到检测目的。如果耦合剂选择种类或使用方法不当，将造成误差或耦合标志闪烁，无法测量。应根据使用情况选择合适的种类，对于光滑材料表面，可以使用黏度低的耦合剂；对于粗糙表面、垂直表面及顶表面，应使用黏度高的耦合剂。高温工件应选用高温耦合剂。其次，耦合剂应适量使用，涂抹均匀，一般应将耦合剂涂在被测材料的表面，但当测量温度较高时，耦合剂应涂在探头上。

12）声速选择错误。测量工件前，根据材料种类预置其声速或根据标准块反测出声速。若用一种材料（常用试块为钢）校正仪器后再测量另一种材料，将产生错误的结果。要求在测量前一定要正确识别材料，选择合适声速。

13）应力的影响。在役设备、管道大部分有应力存在，固体材料的应力状况对声速有一定的影响，当应力方向与传播方向一致时，若应力为压应力，则应力作用使工件弹性增加，声速加快；反之，若应力为拉应力，则声速减慢。当应力与波的传播方向不一致时，波动过程中质点振动轨迹受应力干扰，波的传播方向产生偏离。根据资料表明，一般应力增加，声速缓慢增加。

14）金属表面氧化物或油漆覆盖层的影响。金属表面产生的致密氧化物或油漆防腐层，虽与基体材料结合紧密而无明显界面，但声速在两种物质中的传播速度是不同的，从而造成误差，且随覆盖物厚度不同，误差大小也不同。

2. 实验器材

超声波测厚仪 1 台、标准试块 1 盒、民用液化气罐（空罐）1 个、耦合剂（甘油若干）、砂纸、擦布。

7.1.3 实验步骤

1）除掉被测设备工件表面的污垢、锈等污物，使之露出金属光泽（非金属材料也要除去表面异物），同时要使表面光滑，无凸凹不平。

2）核对测厚仪的数字显示（使用标准试块）。

3）在被测设备表面涂上耦合剂（甘油）。

4）测厚时，探头要始终平稳地放在被测件的表面上。如果被测件表面是曲面（如封头等），则探头接触面要与曲面相正切，并注意耦合剂的作用。

7.1.4 实验结果及要求

1）画出液化气罐及罐体上不同的测量点位，选取罐体上、中、下 3 组水平位置，每一组水平位置测量 3 个不同点位，并将测得的壁厚值计入表 7-1-1。

表 7-1-1 液化气罐壁厚测量数据表　　　　　　　　　（单位：mm）

组　　别	记 录 数 值			备　　注
	点位 1	点位 2	点位 3	
第 1 组				
第 2 组				
第 3 组				

2）根据数据分析液化气罐壁面腐蚀及减薄情况。

7.1.5 注意事项

1）测厚前要清除被测表面的污垢等异物。

2）测厚时，在被测表面涂上耦合剂，使探头和被测表面紧密接触，且探头要始终平稳地放在被测件的表面上。

3）在掌握超声波检测技术方法的同时，深入理解设备的腐蚀情况对生产稳定运行的影响及严重后果，加深对安全检测重要性的理解，加强安全生产的意识，培养安全领域从业者的责任感和使命感。

7.1.6 思考题

1）测厚时要在被测表面涂上耦合剂，耦合剂的作用是什么？

2）影响测厚仪示值的因素有哪些？测厚时如何保证测量数据准确？

3）当同一水平位置测量得到的数据值出现较大差异时，如何处理？

4）分析液化气罐壁面减薄的原因，提出相关对策措施。

7.2 磁粉探伤实验

7.2.1 实验目的

磁粉探伤是无损检测常见的一种方法，磁粉探伤的方法有很多，其按照施加磁粉的时机不同，分为连续法和剩磁法；按照施加磁粉的载体不同，分为干法和湿法；按照磁化方向不同，分为周向磁化法、纵向磁化法、复合磁化法和旋转磁化法。每种不同的方法对应着不同的适用范围、操作要点及特性，学习了解磁粉探伤的方法，充分理解和认识工件缺陷带来的隐患和危害，采用技术方法，对不同工件的缺陷加以识别和判定。本实验的目的如下：

1）了解和掌握旋转磁力探伤仪旋转磁场磁化的基本原理和使用范围。

2）了解 A 型灵敏度试片的使用方法。

3）掌握磁粉探伤的一般方法及标准试件（钢板焊缝）磁粉探伤的操作步骤。

4）掌握磁粉探伤方法对生产设备中各种管道和压力容器焊缝缺陷进行检测的技术手段，对照标准评定其缺陷等级，及时发现设备运行中的安全隐患，加以防范和控制，加强安全生产的意识，培养安全领域从业者的责任感和使命感。

7.2.2 实验原理与器材

1. 实验原理

磁粉探伤是以对导磁金属的电磁感应或被磁化等物理现象为基础，当磁性金属制成的工件被磁化后，若金属内部组织非常均匀，则在它的内部就产生均匀分布的磁力线，倘若其中存在气孔、裂纹、夹渣等缺陷时，磁力线的均匀分布遭到破坏，即漏磁场与磁粉相互作用，钢铁制品表面和近表面缺陷（如裂纹、夹渣、发纹等）磁导率和钢铁磁导率存在差异，磁化后这些材料不连续处的磁场将发生畸变，部分磁通量泄漏处工件表面产生了漏磁场，从而吸附磁粉，形成缺陷处的磁粉堆积——磁痕，在适当的光照条件下，显现出缺陷位置、大小和形状。

磁粉探伤有多种方法可以选择，不同的方法有不同的适用范围及优缺点。

（1）连续法

连续法是指在磁化的同时，施加磁粉或磁悬液。

1）适用范围：

① 形状复杂的工件。

② 剩磁（或矫顽力）较低的工件、对检测灵敏度要求较高的工件。

③ 表面覆盖层无法除掉（涂层厚度均匀不超过 0.05mm）的工件。

2）操作要点：

① 先用磁悬液润湿工件表面。

② 磁化过程中施加磁悬液，磁化时间为 1~3s。

③ 磁化停止前完成施加操作并形成磁痕，时间至少 1s。

④ 至少反复磁化两次。

3）优点：

① 适用于任何铁磁性材料。

② 具有最高的检测灵敏度。

③ 可用于多向磁化。

④ 交流磁化不受断电相位的影响。

⑤ 能发现近表面缺陷。

⑥ 可用于湿法和干法。

4）局限性：

① 效率低。

② 易产生非相关显示。

③ 目视可达性差。

（2）剩磁法

剩磁法是指停止磁化后，施加磁粉或磁悬液。

1）适用范围：

① 矫顽力 H_c 在 1000A/m 以上，并保持剩磁 B_r 在 0.8T 以上的工件，一般经过热处理的高碳钢和合金结构钢（淬火、回火、渗碳、渗氮、局部正火），低碳钢、处于退火状态或热变形后的钢材都不能采用此方法。

② 成批的中小型零件。

③ 因工件几何形状限制，连续法难以检测的部位。

2）操作要点：

① 停止磁化后，施加磁粉或磁悬液。

② 磁化后检验完成前任何磁性物体不得接触被检工件。

③ 磁化时间一般控制在 0.25～1s。

④ 浇磁悬液 2～3 遍，或浸入磁悬液中 10～20s，保证充分润湿。

⑤ 交流磁化时，必须配备断电相位控制器。

3）优点：

① 效率高。

② 具有足够的检测灵敏度。

③ 缺陷显示重复性好，可靠性高。

④ 目视可达性好，可用湿剩磁法检测管子内表面的缺陷。

⑤ 易实现自动化检测。

⑥ 能评价连续法检测出的磁痕显示属于表面还是近表面缺陷显示。

⑦ 可避免螺纹根部、凹槽和尖角处磁粉过度堆积。

4）局限性：

① 只适用于剩磁和矫顽力达到要求的材料。

② 不能用于多向磁化。

③ 交流剩磁法磁化受断电相位的影响，所以交流探伤设备应配备断电相位控制器，以确保工件磁化效果。

④ 检测缺陷的深度小，发现近表面缺陷灵敏度低。

（3）干法

干法是指以空气为载体用干磁粉进行探伤。

磁粉应直接喷或撒在被检区域，并除去过量的磁粉，轻轻地振动试件，使其获得较为均匀的磁粉分布。应注意避免使用过量的磁粉，不然会影响缺陷的有效显示。

1）适用范围：

① 粗糙表面的工件。

② 灵敏度要求不高的工件。

2）操作要点：

① 工件表面和磁粉均完全干燥。

② 工件磁化后施加磁粉，并在观察和分析磁痕后再撤去磁场。

③ 磁痕的观察、磁粉的施加和多余磁粉的除去同时进行。

④ 干磁粉要薄而均匀地覆盖工件表面。

⑤ 应有顺序地将多余的磁粉向一个方向吹除。

3）优点：

① 检查大裂纹灵敏度高。

② 用干法+单相半波整流电，检验工件近表面缺陷灵敏度高。

③ 适用于现场检验。

4）局限性：

① 检测微小缺陷灵敏度不如湿法。

② 磁粉不易回收。

（4）湿法

湿法是指将磁粉悬浮在载液中进行的磁粉探伤。

磁悬液应采用软管浇淋或浸渍法施加于试件，使整个被检表面完全被覆盖，磁化电流应保持 $1/5 \sim 1/2s$，此后切断磁化电流，采用软管浇淋或浸渍法施加磁悬液。

1）适用范围：

① 连续法和剩磁法。

② 灵敏度要求较高的工件，如特种设备的焊缝。

③ 表面微小缺陷的检测。

2）操作要点：

① 磁化前，确认整个检测表面被磁悬液润湿。

② 不宜采用刷涂法施加磁悬液（可用喷、浇、浸等）。

③ 检测面上的磁悬液的流速不能过快。

④ 水悬液时，应进行水断试验。

3）优点：

① 用湿法+交流电，检验工件表面微小缺陷灵敏度高。

② 可用于剩磁法和连续法检验。

③ 与固定式设备配合使用，操作方便，检测效率高，磁悬液可回收。

4）局限性：检测大裂纹和近表面缺陷的灵敏度不如干法。

（5）周向磁化

周向磁化是指给工件直接通电，或者使电流流过贯穿工件中心孔的导体，在工件中建立一个环绕工件并且与工件轴线垂直的闭合磁场。周向磁化用于发现与工件轴线（或电流方向）平行的缺陷。

（6）纵向磁化

纵向磁化是指电流通过环绕工件的线圈，使工件中的磁力线平行于线圈的轴线。纵向磁化用于发现与工件轴线相垂直的缺陷。利用电磁轭磁化使磁力线平行于工件纵轴也属于这一类。

2. 实验器材

旋转磁力探伤仪 1 台，电磁轭探伤仪 1 台，磁力探伤试片（A 型）1 套，磁场指示器 1 个，标准试件（钢板焊缝）若干，磁悬液若干，清洗剂若干，胶纸、擦布等若干。

7.2.3　实验步骤

1）预清洗。被检工件、表面应无油脂及其他可能影响磁粉正常分布、影响磁粉堆积物的密集度、特性以及清晰度的杂质。

2）缺陷的探伤。将磁粉探伤仪磁化探头置于试件上，将磁场指示器置于两磁极之间，铜面朝上。

3）打开探伤仪的电源开关，指示灯亮，工件表面的磁化磁场将指示器磁化。当喷磁悬液后，观察指示器上的磁痕，记录实验结果。

4）变换磁场指示器在试件上的所在位置，重复上述步骤2）~3），并记录结果。

5）将 A 型灵敏度试片 A1、A2，分别贴在不同探伤仪两磁极之间，带有刻槽的一面紧贴工件表面，用胶纸固定。

6）重复步骤3），观察磁痕，以标准试片 A1（15/100 号）能清晰显示出人工缺陷的磁场强度为标准，记录不同探伤仪的实验结果。

7）旋转磁场探伤仪的磁轭有四个极，下面均有滑轮，可前后推动而对工件进行连续探伤。

8）接通电源，对工件表面进行间歇磁化，观察记录工件表面缺陷的磁痕形状、大小及方向，直到整条焊缝检查完毕。

9）后清洗。检验结束后，应把试件上所有的磁粉清洗干净，应该注意彻底清除孔和空腔内的所有堵塞物。

7.2.4 实验结果及报告要求

1）将实验结果记录于表 7-2-1 和表 7-2-2。

表 7-2-1 实验结果记录表 1

磁场特征	旋转磁场探伤仪		电磁轭探伤仪	
	位置 1	位置 2	位置 1	位置 2
磁痕形状				
磁场方向				

表 7-2-2 实验结果记录表 2

磁场特征	旋转磁场探伤仪		电磁轭探伤仪	
	A1	A2	A1	A2
磁痕形状				
磁场方向				

2）画出钢板焊缝探伤的缺陷示意图。

3）对实验结果进行分析。

7.2.5 注意事项

1）在通电的同时施加磁悬液，至少通电两次，每次时间不得少于 0.5s，但也不能过长，大约 0.5~1s，否则会损坏仪器。

2）停止浇注磁悬液后再通电数次，每次 0.5~1s，检验可在通电的同时，或断电之后进行。

3）已形成的磁痕不要被流动着的磁悬液破坏。

4）学生在掌握磁粉探伤检测技术方法的基础上，深入理解设备及元部件焊缝缺陷对生产稳定运行带来的危害及安全检测的重要性，自觉树立科学的安全观，努力提高安全生产的责任意识。

7.2.6　思考题

1）磁粉探伤适用于检测哪些类型的缺陷？

2）不同探伤仪的灵敏度如何？

3）影响探伤实验结果的因素有哪些？

7.3 | 着色渗透探伤实验

7.3.1　实验目的

渗透探伤包括荧光法和着色法。荧光法是将含有荧光物质的渗透液涂敷在被探伤件表面，通过毛细作用渗入表面缺陷中，然后清洗去表面的渗透液，将缺陷中的渗透液保留下来，进行显像。着色法与荧光法相似，只是渗透液内不含荧光物质，而含着色染料，使渗透液鲜明可见，可在白光或日光下检查。本实验为溶剂去除型着色渗透探伤实验，实验目的如下：

1）了解渗透探伤的原理、应用范围及特性。

2）掌握溶剂去除型着色渗透探伤方法及检测过程。

3）了解渗透探伤检测技术的应用领域及特性，掌握着色渗透探伤方法对生产设备中各种管道和压力容器焊缝缺陷进行检测的技术手段，对照标准评定其缺陷等级，及时发现设备运行中的安全隐患，加以防范和控制，加强安全生产的意识，培养安全领域从业者的责任感和使命感。

7.3.2　实验原理与器材

1. 实验原理

待检工件表面被施涂含有着色染料的渗透剂后，在毛细管作用下，经过一段时间，渗透液可以渗透进表面开口的缺陷中，去除工件表面多余的渗透液后，再在工件表面施涂显像剂，同样，在毛细管的作用下，显像剂将吸引缺陷中保留的渗透液回渗到显像剂中，在一定的光源下，缺陷处的渗透液痕迹被显现，从而探测出缺陷的形貌及分布状态。

2. 实验器材

不锈钢镀铬辐射状裂纹标准试块 A 型、B 型（2 块），待检工件（1 件），渗透剂（压力喷罐，1 罐），显像剂（压力喷罐，1 罐），清洗剂（压力喷罐，1 罐），砂纸，擦布。

7.3.3　实验步骤

1. 预清洗

使用清洗剂去除试块和工件表面油污及污垢，随后干燥。

2. 渗透

清洗干净的试块和工件，受检面朝上放置，将着色渗透液喷涂于试块和工件表面，喷涂时喷嘴轴线应与试块表面呈 45°，快速喷洒，喷嘴与受检面之间的距离保持在 200～300mm 为宜。渗透温度为 15～50℃ 范围内时，渗透时间不得少于 10min。在整个渗透时间内，着色探伤液必须润湿全部受检表面。

3. 去除（表面渗透剂）

达到规定的渗透时间后，先用干布擦去受检表面多余的"着色探伤液"，然后用蘸有清洗剂的布和纸擦拭，不得往复擦拭，不得将被检件浸于清洗剂中或过量地使用清洗剂；在用水喷法清洗时，水管压力以 0.21MPa 为宜，水压不得大于 0.34MPa，水温不超过 43℃。

4. 干燥

用干净布擦干受检工件和试块表面，表面干燥温度应控制在不大于 52℃ 范围内。

5. 显像

将显像剂喷罐用力上下摇动，让罐内钢珠充分搅拌，将显像剂薄而均匀地喷涂于受检工件表面，显像剂层厚度为 0.05～0.07mm 为宜。显像的过程是用显像剂将缺陷处的渗透液吸附至受检表面，产生清晰可见的缺陷图像。显像时间不能太长，一般为 10～30min。显像剂层不能太厚，否则缺陷显示会变模糊。

6. 检查

显像完毕，即可在白光下进行检查。先检查试块表面，观察辐射状裂纹显示是否符合要求。如果符合要求，即可说明整个渗透探伤系统及操作符合要求。此时，便可检查工件表面，观察有无缺陷。

7. 记录

记录下列项目：受检试块名称及编号、受检部位、渗透探伤剂（含着色渗透液、清洗剂及显像剂）名称牌号、操作主要工艺参数（含渗透时间、显像时间）、缺陷类别、数量、大小（必要时可用手机拍照）。

8. 后清洗

探伤结束后，为了防止残留的显像剂腐蚀被检物表面或影响其使用，应及时清除显像剂。清除方法可用刷洗、喷气、喷水、用布或纸擦除等方法。

7.3.4 实验结果及报告要求

1）将实验结果记录于表（或用手机拍摄）。

2）对实验结果进行分析。

7.3.5 注意事项

1. 操作注意事项

1）受检工件及试块表面应清理干净。清理时，可采用溶剂、洗涤剂清洗，或用砂轮打磨处理，保证受检表面及附近 25mm 的范围内不得有铁锈、氧化皮、污垢、油漆等附着物。

2）应有充分的渗透时间。在 15～50℃ 温度条件下，渗透时间不得少于 10min，在这期间必须保证探伤面被渗透液充分湿润。若渗透温度降低为 3～15℃ 时，应按有关规定适当增加渗透时间。

3）在清洗受检表面的多余渗透液时，应注意防止过度清洗而使检测质量下降，同时应注意防止清洗不足而造成对缺陷显示识别困难。

4）显像剂应搅拌均匀。薄而均匀地施加在被检工件表面，不可在同一部位反复多次施加。显像时间一般不应少于 7min。

5）观察显像痕迹应在显像剂施加后 7~30min 内进行，以免渗透液在显示剂中扩散，使缺陷的形象模糊不清。

6）检查时要有足够的照明，以防细微缺陷的漏检，必要时可借助放大镜检查。

2. 安全注意事项

1）探伤剂中若含易燃、有毒物质，应放在阴凉通风处。

2）探伤现场应有良好的通风条件，远离火源和热源，操作人员应站在上风处。

3）操作人员应戴乳胶手套和口罩，避免皮肤长时间或多次接触探伤剂。

7.3.6　思考题

1）着色渗透探伤适合于检测哪些类型的缺陷？

2）影响探伤实验结果的因素有哪些？

7.4 | 振动测量实验

7.4.1　实验目的

振动是自然界最普遍的现象之一，各种形式的物理现象，包括声、光、热等都包含振动。在许多情况下，振动被认为是消极因素。例如，振动会影响精密仪器的功能，加剧构件的疲劳和磨损，振动还可能引起结构的变形破坏等。另外，长期接触振动还会对人体各系统造成不良影响，长期使用振动工具可产生局部振动病。本实验的目的如下：

1）了解振动的危害。

2）掌握设备振动的测量方法。

3）熟悉振动测量仪器的工作原理以及使用方法。

4）结合振动的积极影响和消极影响，理解马克思主义关于"事物的两面性"的哲学原理，培养辩证地看待事物、分析问题的能力。

5）描述振动的指标有多个。在振动测量时，测量对象不同，选择的测量指标也不同。理解事物的多面性，培养观察问题和解决问题时要首先抓住主要矛盾的能力。

7.4.2　实验原理与器材

1. 实验原理

振动是物体围绕平衡位置所做的往复运动。振动按形式可分为机械振动、土木振动、运输工具振动等，按频率分可分为高频振动、低频振动和超低频振动，按振动原因可分为自由振动、强迫振动和自激振动。

机械在运动时，由于旋转件不平衡、负荷不均匀、结构刚度各向异性、间隙、润滑不良、支撑松动等原因，总是伴随着各种振动。一方面，振动量如果超过允许范围，机械设备将产生较大的动载荷和噪声，从而影响其工作性能和使用寿命，导致零部件的早期失效，甚至导致事故的发生。同时，机械振动对人体机能也会产生不良影响。全身振动会使人感觉不舒适，继而出现疲劳、头晕、焦虑、嗜睡等现象，强度大时使人感觉难以忍受，甚至可引起内脏移位或造成机械性损伤。局部振动对人体的影响也是全身性的，长期接触可引起外周和中枢神经系统的功能改变，表现为条件反射抑制，神经传导速度降低和肢端感觉障碍，如感觉迟钝、痛觉减退等，严重时可引起手臂振动病。另一方面，振动也被利用来完成有益的工作，如运输、夯实、清洗、粉碎、脱水等。这时必须正确选择振动参数，充分发挥振动机械的性能。由此可见，振动本身有积极影响和消极影响，在实际应用中，应考虑"事物的两面性"，辩证地看待事物和分析问题。

在现代企业管理中，除了对各种机械设备提出低振动和低噪声要求外，还需随时对机器的运行状况进行监测、分析、诊断，对工作环境进行控制。为了提高机械结构的抗振性能，有必要进行机械结构的振动分析和振动设计。这些都离不开振动测试。

振动测试有两种方式：一是测量机械或结构在工作状态下的振动参数，如振动位移、速度、加速度、频率和相位等，了解被测对象的振动状态，评定等级和寻找振源，对设备进行监测、分析、诊断和预测；二是对机械设备或结构施加某种激励，测量其受迫振动，以便求得被测对象的振动力学参量或动态性能，如固有频率、阻尼、刚度、频率响应和模态等。

本实验主要针对振动的位移、加速度、速度三个基本指标进行测量。振动的位移是指振动物体离开平衡位置的距离，其方向总是由平衡位置指向物体某时刻所在的位置。振动速度是反映振动物体在某一时刻振动快慢及其振动方向的物理量。振动加速度是反映振动物体速度变化快慢及其变化方向的物理量。一般来说，机械振动是变速度和变加速运动。振动位移反映了振动幅度的大小，振动速度反映了能量的大小，振动加速度反映了冲击力的大小。在振动测量时，应合理选择测量参数，如振动位移是研究强度和变形的重要依据；振动加速度与作用力或载荷成正比，是研究动力强度和疲劳强度的重要依据；振动速度决定了噪声的高低，人对机械振动的敏感程度在很大频率范围内是由速度决定的。速度又与能量和功率有关，并决定动量的大小。实际应用中，通常情况下，大机组转子的振动用振动位移的峰值表示，用装在轴承上的非接触式电涡流位移传感器来测量转子轴颈的振动；大机组轴承箱及缸体、中小型机泵的振动用振动速度的有效值表示，用装在机器壳体上的磁电式速度传感器或压电式加速度传感器来测量；齿轮的振动用振动加速度的单峰值表示，用加速度传感器来测量。

本实验采用压电式加速度传感器。压电式加速度传感器是利用石英晶体和人工极化陶瓷的压电效应设计而成的，由外壳、质量块、压电元件、基座、输出端等部分组成（图7-4-1）。压电片用压电陶瓷制成，两压电片并联，质量块对压电元件施加预荷载。测量时，传感器与被测物体刚性连接，质量块与物体一起运动。当被测物体产生加速度时，质量块将产

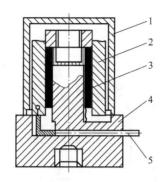

图 7-4-1　压电式加速度传感器结构示意图

1—外壳　2—质量块　3—压电元件　4—基座　5—输出端

生惯性力 F_1，大小为 ma。从而作用在压电元件上的压力 F 由下式计算：

$$F = F_0 + F_1 = F_0 + ma \tag{7-4-1}$$

式中，F_0 为质量块的重力。

压电元件上产生与加速度 a 对应的电荷 Q 由下式计算：

$$Q = d_{11}F = d_{11}(F_0 + ma) \tag{7-4-2}$$

式中，d_{11} 为压电系数。

与 ma 对应的是电荷的增加量：

$$\Delta Q = d_{11}ma \tag{7-4-3}$$

将压电元件产生的电荷输出给电荷放大器，则电荷放大器的输出电压的增量 ΔU_0 由下式确定：

$$\Delta U_0 = -\frac{\Delta Q}{C_f} = \frac{-d_{11}ma}{C_f} \tag{7-4-4}$$

式中，C_f 为反馈电容。

由上可知，电荷放大器的输出电压的增量与加速度 a 成正比。只要将输出电压测出，即可获得构件的加速度。在电路中增加积分电路，还可测出物体的振动速度和振动位移量。

2. 实验器材

VIB-5 振动测量仪。

7.4.3　实验步骤

1）打开电池盖，安装电池，并检测电池电压。按〈测量〉键（图 7-4-2），观察液晶是否显示"BAT"，若显示，则说明电池电压过低，应更换电池；若无显示，表示电池可正常使用。

2）安装传感器和磁铁座。首先将磁铁座与传感器拧紧，再将传感器电缆一头的插头插入主机的传感器插座，完成传感器与主机的连接。

3）测量模式选择。按〈设置〉键可选择测量模式：加速度、速度或者位移。选中的测量模式由显示器右端箭头指示（图 7-4-3）。

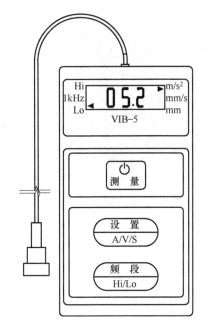

图 7-4-2 设备面盘示意图

加速度单位采用 m/s^2，也可除以 9.8 转换为 g（$1g = 9.8m/s^2$）。

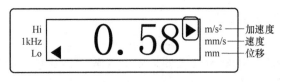

图 7-4-3 模式选择

4）加速度测量。进行加速度测量时，可用频段选择频率范围用于高频振动测量或者一般振动测量。选中的频段由显示器左端箭头指示（图7-4-4）。

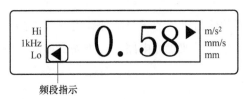

图 7-4-4 频段指示

Hi：1k~10kHz 用于高频振动测量。

Lo：10~1kHz 用于一般振动测量。

注：频率测量范围的选择仅限于加速度测量。

测量上限：

位移：1.999mm 峰值。

速度：199.9mm/s 有效值。

5）按测量键保持 10s 左右，可以开始测量。

6）将传感器探头安放在测量对象上，按〈测量〉键读数并记录。

7）松开<测量>键约 1min，仪器将会自动断电。

7.4.4　实验结果及报告要求

1. 测量位点的选择

要求在三个互相垂直的方向上，各选择两个点进行测量。

2. 测量记录

在振动测量时，测量对象不同，选择的测量指标也不同。应认识到事物具有多面性，在观察问题和解决问题时要首先抓住主要矛盾。

根据不同的测量对象，选择测量指标，并将测量结果记录于表 7-4-1。

表 7-4-1　实验记录表

序　号	测　量　点	加　速　度	速　　度	备　　注
1				
2				
3				
4				
5				

3. 结果分析

根据《设备振动标准》（ISO 2372）（表 7-4-2），说明设备的振动状态。

表 7-4-2　ISO 2372 设备振动标准

振动速度有效值 /（mm/s）	第一类	第二类	第三类	第四类
0.28	A	A	A	A
0.45	A	A	A	A
0.71	A	A	A	A
1.12	B	A	A	A
1.8	B	B	A	A
2.8	C	B	B	A
4.5	C	C	B	B
7.1	D	C	C	B
11.2	D	C	C	C
18	D	D	C	C
28	D	D	D	C
45	D	D	D	D
71	D	D	D	D

注：1. 第一类：小型机械（如 15kW 以下的电动机）；第二类：中型机械（如 15~75kW 的电动机以及 300kW 以下的机械）；第三类：大型机械（刚性基础）；第四类：大型机械（柔性基础）。

　　2. A：良好；B：可接受；C：注意；D：不允许。

7.4.5 注意事项

1）传感器探头应与被测物体可靠连接，否则测量值不准确。

2）测量加速度时注意选择合适的频率范围。

7.4.6 思考题

1）什么是压电效应？利用压电效应可进行哪些指标测量？举例说明。

2）说明不同频率的振动对人体的影响。

7.5 电磁辐射强度测定

7.5.1 实验目的

电磁辐射污染是继水污染、空气污染、噪声污染、固体废弃物后的第五大污染。电磁辐射通常是指由发射设备（如微波炉、手机、电视等）产生的电磁波在空间的传播。电磁辐射无处不在，看不见、摸不着，辐射强度随辐射源距离增大而减小。电磁辐射的来源分为天然源和人工源两种。天然源包括雷电、地磁场、宇宙空间的电磁噪声、太阳系的电磁骚扰等。人为源包括广播电视、通信、雷达、工业科研或医疗使用的高频设备等。电磁辐射会对环境或健康产生不良影响。本实验的目的如下：

1）了解电磁辐射的基本原理和电磁辐射的危害。

2）熟悉环境电磁辐射标准。

3）掌握电磁辐射的测定方法。

4）测定生活中常见的不同类型设备的电磁辐射强度，培养批判性思维，面对生活中"谈电磁辐射色变"的现象时，能正确地分析判断，而不是人云亦云。

5）电气设备大多会产生电磁辐射，国家通过制定电磁辐射标准来保护人民的生命健康。明确电气设备设施设计制造时必须满足电磁辐射标准，树立依法行事的观念，培养安全领域从业者的社会责任感。

7.5.2 实验原理与器材

1. 实验原理

电磁辐射是由同向振荡且互相垂直的电场与磁场在空间中以波的形式传递动量和能量，其传播方向垂直于电场与磁场构成的平面。电场与磁场的交互变化产生电磁波，电磁波向空中发射或传播形成电磁辐射。电磁辐射包括电离辐射和非电离辐射，本次测定主要针对非电离辐射。

非电离辐射包括射频辐射（频率 $3 \times 10^5 \sim 3 \times 10^{11}$ Hz，波长 1mm~3km）、红外辐射（频率 $10^{11} \sim 4 \times 10^{14}$ Hz，波长 750nm~1mm）、紫外辐射（频率 $7.5 \times 10^4 \sim 10^{16}$ Hz，波长 10nm~400nm）和激光。其中，射频辐射又包括高频电磁场（频率 $3 \times 10^6 \sim 3 \times 10^7$ Hz，波长 1m~10m）和微波

（频率 $3 \times 10^5 \sim 3 \times 10^{11}$ Hz，波长 1mm ~ 1m）。常见的各种家用电器、电子设备等装置产生的均为非电离辐射。只要它们处于通电状态，周围就会存在电磁辐射。

电磁辐射的能量大小称为辐射强度。通常，对于大于 30MHz 的电磁辐射，一般采用平均功率密度毫瓦/每平方厘米（mW/cm^2）作为计量单位；小于 30MHz 的电磁辐射，可以采用电场强度伏/米（V/m）和磁场强度安/米（A/m）作为计量单位。实际测量中，也可以用磁感应强度特斯拉（T）或者高斯（Gs）来表示（$1Gs = 10^{-4}T$）。电磁辐射能量通常以辐射源为中心，以传播距离为半径的球面分布，辐射强度与距离的二次方成反比。电磁波在真空中传播的速度是一定的（$3 \times 10^8 m/s$），电场和磁场交互变化一次所占时间为该电磁波的周期，在一个周期内传播的距离便是它的波长，它以 m 为单位。电磁波传播时具有方向性，当其遇到物体阻挡时，将产生反射、绕射和折射，并有一部分能量被物体吸收而转变为热量等形式。还有一部分电磁辐射可穿透阻挡物。

长期、过量的电磁辐射会对人体生殖系统、神经系统和免疫系统造成直接伤害，是心血管疾病、糖尿病、癌突变的诱因，并可直接影响未成年人的身体组织与骨骼的发育，引起视力、记忆力下降和肝脏造血功能下降，严重者可导致视网膜脱落。此外，电磁辐射也对信息安全造成隐患，利用专门的信号接收设备即可将其接收、破译，导致信息泄漏而造成损失。过量的电磁辐射还会干扰周围其他电子设备，影响其正常运作而发生电磁兼容性（EMC）问题。

目前，《工作场所有害因素职业接触限值　第 2 部分：物理因素》（GBZ 2.2—2007）中规定了部分电磁辐射的职业接触限值；《电磁环境控制限值》（GB 8702—2014）规定了环境中公众曝露控制限值（表 7-5-1）。公众曝露是指公众所受的全部电场、磁场、电磁场照射，不包括职业照射和医疗照射。

表 7-5-1　公众曝露控制限值

频率范围	电场强度 E /（V/m）	磁场强度 H /（A/m）	磁感应强度 B /μT	等效平面波功率密度 S_{eq} /（W/m²）
1 ~ 8Hz	8000	$32000/f^2$	$40000/f^2$	—
8 ~ 25Hz	8000	$4000/f$	$5000/f$	—
0.025k ~ 1.2kHz	$200/f$	$4/f$	$5/f$	—
1.2k ~ 2.9kHz	$200/f$	3.3	4.1	—
2.9k ~ 57kHz	70	$10/f$	$12/f$	—
57k ~ 100kHz	$4000/f$	$10/f$	$12/f$	—
0.1M ~ 3MHz	40	0.1	0.12	4
3M ~ 30MHz	$67/f^{\frac{1}{2}}$	$0.17/f^{\frac{1}{2}}$	$0.21/f^{\frac{1}{2}}$	$12/f$
30M ~ 3000MHz	12	0.032	0.04	0.4
3000M ~ 15000MHz	$0.22f^{\frac{1}{2}}$	$0.00059f^{\frac{1}{2}}$	$0.00074f^{\frac{1}{2}}$	$f/7500$
15G ~ 300GHz	27	0.073	0.092	2

注：f 为辐射频率。

2. 实验器材

电磁辐射测试仪：HF38B 高频电磁辐射测量仪（800M～2.7GHz），ME3840B 低频电磁辐射测量仪（5～100kHz）。

7.5.3 实验步骤

1. 高频电磁辐射仪操作步骤

1）向上推动<Power>键，打开电磁辐射仪电源开关。

2）将<Signal>键推至"Peakhold"档。

3）将测量范围置于"19.99mW/m²"档，瞄准被测源，观测读数，若结果<1，则继续调整档位至 199.9μW/m² 档，直至读数>1。

4）根据实验结果及报告要求，多次测量并记录测量结果。

2. 低频电磁辐射测量仪操作步骤

1）向上推动<Power>键，打开电磁辐射仪电源开关。

2）选择"M"档。

3）瞄准被测源，进行测量。测量单位为"nT"。

7.5.4 实验结果及报告要求

1. 手机

手机拨打电话时，音频信号通过手机转换为高频率的电话信号，然后通过天线以电磁波的形式发射出去，这时在手机附近就会产生较为强烈的电磁辐射。人们使用手机时，手机会向发射基站传送无线电波，其产生的电磁辐射会被人体吸收，从而有可能对人体的健康带来影响。

手机的辐射频率通常在 30M～3000MHz，属于高频电磁辐射，可采用 HF38B 高频电磁辐射测量仪进行测量。

将测量结果记入表 7-5-2。

表 7-5-2　实验记录表 1

手机品牌	手机状态	测量距离/m	功率密度/(μW/m²)
	待机状态	0.1	
		0.3	
		0.8	
		1.5	
		2	
	响铃状态	0.1	
		0.3	
		0.8	
		1.5	
		2	

（续）

手机品牌	手机状态	测量距离/m	功率密度/(μW/m^2)
		0.1	
		0.3	
	通话状态	0.8	
		1.5	
		2	

2. 微波炉

微波炉工作时产生的微波辐射到炉内的食品，食品中的极性水分子受到电磁辐射强烈的热效应作用，致使水温升高，从而导致食品的温度也随之上升，因为微波穿透力强，食品的内部也同时被加热，故整个物体受热均匀，升温速度很快。而微波炉在工作期间，少量微弱的电磁辐射则会透过炉门向外辐射，其电磁辐射随距离的增大快速衰减。

微波炉的工作频率通常在 2G~3GHz，属于高频电磁辐射，可采用 HF38B 高频电磁辐射测量仪进行测量。

将测量结果记入表 7-5-3。

表 7-5-3　实验记录表 2

微波炉工作状态	测量距离/m	功率密度/(μW/m^2)
	0.05	
启动时	0.3	
	1	
	0.05	
工作时	0.3	
	1	

3. 便携式计算机

便携式计算机键盘的辐射主要是低频辐射，电源适配器的辐射主要是 50Hz 工频，可采用 ME3840B 低频电磁辐射测量仪进行测量。

将测量结果填入表 7-5-4。

表 7-5-4　实验记录表 3

便携式计算机位置	测量距离/m	磁感应强度/nT
	0.05	
显示屏前	0.15	
	0.30	

（续）

便携式计算机位置	测量距离/m	磁感应强度/nT
显示屏背面	0.05	
	0.15	
	0.30	
键盘上方	0.05	
	0.15	
	0.30	
电源适配器	0.05	
	0.15	
	0.30	

4. 电源接线板

电源接线板的电磁辐射主要是 50Hz 工频，可采用 ME3840B 低频电磁辐射测量仪进行测量。测量时，接线板应处于工作状态。

将测量结果记入表 7-5-5。

表 7-5-5　实验记录表 4

测量距离/m	磁感应强度/nT
0.05	
0.15	
0.30	

5. 其他

可以选择其他测量对象，如电磁炉、电暖气、吹发器（又称电吹风）等常见电器进行测量。测量时，注意测量距离、工作状态等影响因素。

完成测量后，对照标准，分析不同类型设备的电磁辐射强度，确定其是否在安全限值内，从而正确认识电磁辐射的影响。

7.5.5　注意事项

1）测定单个设备的电磁辐射值时应避免其他电气设备对测定值的干扰。

2）如果有多台设备，可以测定多台设备的环境电磁辐射强度，并注明电磁辐射源的名称和距离。

7.5.6　思考题

1）电磁辐射产生的条件是什么？环境中电磁辐射的来源有哪些？

2）非电离辐射的危害有哪些？非电离辐射可以引起哪些职业病？

3）如何进行电磁辐射防护？

7.6 空气中尘埃粒子数测量

7.6.1 实验目的

尘埃粒子（悬浮粒子）是指在空气中以悬浮状态存在的微小颗粒，主要包括固体颗粒和微生物。尘埃粒子的颗粒直径在 $10\mu m$ 以上时会在重力作用下沉降，在 $0.1\mu m$ 以下时会在静电作用下被吸引和发散。尘埃粒子不仅会对人体产生健康危害，也会对生产产生不良影响，特别是有高洁净度要求的行业或领域，如电子信息、半导体、光电子、精密制造、医药卫生、生物工程、航天航空、汽车喷涂等。本实验的目的如下：

1）采集和测算空气中的尘埃粒子，了解空气受污染的程度。

2）了解空气洁净度等级的相关标准。

3）掌握激光尘埃粒子计数器的使用方法。

4）尘埃对有高洁净度要求的产品影响是巨大的。同理，工作中任何一个细节被忽略，都可能影响整体工作的质量和效率，培养学生科学严谨、认真细致、坚持标准、一丝不苟的职业精神。

7.6.2 实验原理与器材

1. 实验原理

激光尘埃粒子计数器是用来测量空气中尘埃微粒的数量及粒径分布的仪器，其测量值为空气洁净度的评定提供依据。常见的激光尘埃粒子计数器是光散射式的，测量粒径范围为 $0.1\sim10\mu m$。空气中的微粒在光的照射下会发生散射，即光散射。光散射和微粒大小、光波波长、微粒折射率及微粒对光的吸收特性等因素有关，微粒散射光的强度随微粒的表面积增加而增大。所以，只要测定散射光的强度就可推知微粒的大小。实际上，每个粒子产生的散射光强度很弱，是很小的光脉冲，需要通过光电转换器的放大作用，把光脉冲转化为信号幅度较大的电脉冲，然后经过电子线路的进一步放大和甄别，完成对大量电脉冲的计数工作。此时，电脉冲数量对应于微粒的个数，电脉冲的幅度对应于微粒的大小。激光尘埃粒子计数器利用几组光学透镜将光束聚焦，并将焦点投影到传感器散射腔体的中心位置，形成一个微小光敏区，空气中的尘埃粒子随采样气流穿过光敏区时，产生散射光，形成光脉冲。光脉冲投影到光电倍增管上，光电倍增管将其转换成相应的电脉冲信号。此信号经放大处理后，送入 6 路甄别器，进行甄别、分档，然后由计算机进行计数处理，并显示测试结果。

目前，激光尘埃粒子计数器广泛应用于医药、电子、精密机械、彩管制造、微生物等行业，对洁净车间各种洁净等级的工作台、净化室、净化车间的净化效果、洁净级别进行监控，以确保产品的质量。尘埃对有高洁净度要求的产品影响是巨大的。例如，在半导体芯片制造上，尘埃会影响芯片的完整性、成品率，并影响其电学性能和可靠性；在医药行业，尘埃会改变药品成分，使药品产生不可控的变化，导致药品失效、变异，严重会导致患者死亡。因此，有高洁净度要求的产品在制造时需在洁净车间完成。洁净车间也叫无尘车间、洁净室、无尘室，是指将一定空间范围内的空气中的微粒子、有害空气、细菌等污染物排除，并将室内的温度、洁净度、室内压力、气流速度与气流分布、噪声、振动、照明、静电控制在某一需求范围内，而所给予特别设计的房间。空气洁净度是洁净环境中空气含悬浮粒子量多少的程度。通常，若空气中含尘浓度低，则空气洁净度高，若含尘浓度高，则空气洁净度低。按空气中悬浮粒子浓度来划分洁净室及相关受控环境中空气洁净度等级，就是以每立方米空气中的最大允许粒子数来确定其空气洁净度等级。许多国家和地区都有自己的空气洁净标准和规范，我国《洁净厂房设计规范》（GB 50073—2013）对洁净室及洁净区内空气中悬浮粒子空气洁净度等级也进行了规定，见表7-6-1。

表 7-6-1 我国洁净室及洁净区空气洁净度整数等级

空气洁净度等级 N	大于或等于要求粒径的最大浓度限值（颗/m³）					
	$0.1\mu m$	$0.2\mu m$	$0.3\mu m$	$0.5\mu m$	$1\mu m$	$5\mu m$
1	10	2	—	—	—	—
2	100	24	10	4	—	—
3	1000	237	102	35	8	—
4	10000	2370	1020	352	83	—
5	100000	23700	10200	3520	832	29
6	1000000	237000	102000	35200	8320	293
7	—	—	—	352000	83200	2930
8	—	—	—	3520000	832000	29300
9	—	—	—	35200000	8320000	293000

2. 实验器材

HLC-100B型激光尘埃粒子计数器。

仪器参数如下：

1）该仪器空气采样量为2.83L/min。

2）允许被测试空气的含尘浓度≤10万颗/2.83L。

3）粒径通道：分为6档，0.3、0.5、1.0、3.0、5.0、10.0μm。

4）采样周期：分为10档，1~10min。

5）自净时间：<15min。

7.6.3 实验步骤

1. 打开电源开关

1）屏幕显示。

2）设置操作系统语言：按<↑>或<↓>键选择操作语言系统："中文"或"English"，屏幕左上角的光标移动到要使用的语言，然后按<确定>键确认设置，屏幕进入参数设置界面。

2. 参数设置

1）进入设置界面。

2）按<↑>或<↓>键或<确定>键选中需要更改的值。

3）按<↑>或<↓>键更改具体值。

4）按<确定>键保存设置。

注意：参数设置时，延时选择"05 秒"，打印单位选择"m^3"。

3. 测量

计数器有两种计数模式：非保存模式和保存模式。

（1）非保存模式

非保存模式用于观察所测环境的洁净程度，测得的数据不存储也不用于上控制界限（UCL）计算。

1）进入测量界面：直接从设置界面按<测量>键进入。

2）采样测量时，计数器会按照设置好的周期进行计数。

3）在测量的同时，按<↑>键进行全屏模式观测。

4）需要停止测量的时候按<测量>键。

（2）保存模式

保存模式用于测量并储存数据，以便查询、打印和进行 UCL 值的计算。

1）进入测量界面：直接从设置界面按<测量>键进入。

2）按<确定>键切换自动测量模式，采样测量时，计数器根据采样周期和预设的采样点，对每点采样 3 次，并把测量数据储存起来，测量完成后自动停止。

3）在测量的同时，按<↑>键进行全屏模式观测。

4）需要停止测量的时候按<测量>键。

4. UCL 值

1）在按<测量>键的同时，按下<UCL>键。

2）计数器会根据预设的 UCL 点数、UCL 次数进行测量。当一采样点的采样次数达到设定次数，计数器会自动停止工作，表示第一采样点结束。此时可把采样头移至第二采样点，直接按下<UCL>键，机器又开始测量，依次类推，至全部采样点测量完毕。最后仪器会自动屏显和打印出 $0.5\mu m$ 和 $5\mu m$ 的 95% 置信度 UCL 值，单位均为颗/m^3，并做出净化级别判断。

7.6.4 实验结果及报告要求

测量实验室内空气质量，实验结果记入表 7-6-2，并根据表 7-6-1 进行分析。

表 7-6-2 实验记录表

测 量 地 点	大于或等于要求粒径的最大浓度限值（颗/m^3）			
	$0.3\mu m$	$0.5\mu m$	$1\mu m$	$5\mu m$
1				
2				
3				

（续）

测量地点	大于或等于要求粒径的最大浓度限值（颗/m³）			
	0.3μm	0.5μm	1μm	5μm
4				
5				
平均值				

7.6.5 注意事项

1）当入口管被盖住或被堵塞，不要启动计数仪。

2）激光尘埃粒子计数器应该在洁净环境下使用，以防止对激光传感器的损伤。

3）不要测有可能发生反应的混合气体（如氢气和氧气）。这些气体也可能在计数器内产生爆炸。

4）为增加尘埃粒子计数器的寿命，测量结束后请不要立即关机，把采样头旋下，然后连接随机配置的自净高效过滤器，连接时要注意过滤器的方向。使仪器变成封闭状态，同时仪器继续工作 5~10min 以清除管路系统中的尘埃，当 0.5μm 显示接近为 0 时即可正常关机。

7.6.6 思考题

1）评价室内空气质量的标准有哪些？

2）哪些行业制定了洁净度的相关行业标准？

7.7 辐射热测定

7.7.1 实验目的

室内气象条件是影响人与环境之间热交换的主要因素。除了温度、湿度和风速之外，辐射热也是室内气象条件的重要参数。辐射热的测量包括测量平均辐射温度和单向辐射热。平均辐射温度常用黑球温度计测得，单向辐射热则用辐射热计测得。单向辐射热计可以直接测出辐射热强度和空气温度，还可以间接得出定向平均辐射温度，又可以近似地代替黑球温度计来测量环境平均辐射温度，避免了同时测量风速和气温的麻烦。

1）掌握温度对作业环境的影响。

2）掌握辐射热计的测量原理。

3）了解高温作业的劳动环境和劳动条件下，国家制定的相关劳保措施对劳动者进行职业卫生与健康方面的积极防护作用。

7.7.2 实验原理与器材

1. 实验原理

利用黑色平面几乎能全部吸收辐射热，而白色平面几乎不吸收辐射热的性质，将其放在一起。在辐射热的照射下，黑色平面温度升高而与白色平面造成温差，在黑白平面之后连接热电偶组成的热电堆。由于温差而使热电偶产生电动势，并通过显示器显示出来，以此来反映辐射热的强度（图 7-7-1）。

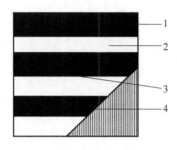

图 7-7-1　定向辐射热传感器

1—涂黑面　2—反射面　3—表面温度敏感元件　4—热电堆

2. 实验器材

实验仪器采用 MR-5 辐射热计。辐射热强度量程为 $0\sim10kW/m^2$。

7.7.3　实验步骤

1. 辐射热强度测量

打开辐射测头保护盖，并将测头对准被测方向，即可直接测出工作地点所接收到的单向辐射热强度。

2. 电池指示及更换

当仪表左上角出现"→"字样时，表示电池已降低到不能使用的程度，需要更换电池。

安装新电池时，一定要注意极性，并且电源开关确保位于"关"的位置，否则将可能烧坏仪器。

7.7.4　实验结果及报告要求

将实验结果记入表 7-7-1，并分析热辐射强度对人体的影响，说明国家对高温作业规定的防护措施。

表 7-7-1　实验记录表

序　　号	热　　源	测量距离/cm	测量值/（kW/m²）
1			
2			
3			

7.7.5　注意事项

1）在测量中，不要用手接触测头的金属部分，以保证测试的准确性。

2）重新安装电池时，确保电源开关处于"关"的位置，否则将可能烧坏仪器。

3）在进行现场测量时，测量人员应注意个人防护。

7.7.6 思考题

1）热辐射对人体都有哪些危害？

2）简述高温作业的防护要求。

7.8 室内照度测量

7.8.1 实验目的

照明是利用各种光源照亮工作和生活场所或个别物体的措施。利用太阳光的称为"天然采光"，利用人工光源的称为"人工照明"。良好的光环境对人的精神状态和心理感受会产生积极的影响，例如对于生产、工作和学习场所，良好的光环境能振奋精神、提高工作效率和产品质量；对于休息、娱乐的公共场所，合宜的光环境能创造舒适、优雅、活泼生动或庄重严肃的气氛。保证光环境的光量和光质量的基本条件是照度和亮度。照度的均匀性对光环境有直接影响。本实验的目的如下：

1）了解衡量室内光环境的指标及其区别与联系。

2）通过实验，学习照度计的使用方法，使学生了解室内照明设施形成的平均照度的测量方法，并掌握通过测定结果评价室内光环境的方法。

3）培养学生"与人方便，自己方便"的社会公德意识。

7.8.2 实验原理与器材

1. 实验原理

室内光环境主要是指由光（照度水平和分布、照明的形式和颜色）与颜色（色调、色饱和度、室内颜色分布、颜色显现）在室内建立的同房间形状有关的生理和心理环境，其功能是满足物理、生理、心理、人体功效学及美学等方面的要求。

照度是用入射在包含该点的面元上的光通量 $d\phi$ 除以该面元面积 dA 所得之商，单位为勒克斯（lx）。工作场所的照度适宜可以增加作业人员的辨识能力，有利于辨别物体高低、深浅、颜色以及相对位置，还可以扩大视野，有利于增加判断反应时间减少失误判断。相反，照明质量差、照度水平低的情况下，人会增加观察事物的能量消耗，恶化人眼的调试和会聚能力。人眼产生正常的视力所需要的照度通常是 $50 \sim 75$lx。随着照度的增加，人眼识别外界事物的清晰度和速度也相应提高，同时由于掌握外界情况所消耗的人体能量减少，作业人员的疲劳程度也会随之减轻。研究表明，当作业环境的照度从 30lx 增加到 300lx 时，作业人员的疲劳程度大约下降 40%；如果照度继续增加到 1000lx，则工人的疲劳程度进一步降低至 50%，达到最低点。如果照度超过 1000lx，则因工人感到光线刺眼又使疲劳程度回升。因此，过量的照度也不可取。为了使作业人员视力维持在不发生视觉障碍的程度，世界各国对于各种作业所需的最低照度都制定了标准。一般而言，随着工作精细程度（以识别对象的最小尺寸定量地界定）的提高，工作面上所要求的照度也随之增加。

照度均匀度对视觉也有较大影响。照度均匀度是指规定表面上的最小照度与平均照度之比。光线分布越均匀，说明照度越好，视觉感受越舒服；反之，越增加视觉疲劳。此外，在视野中某一局部出现过高的亮度或前后发生过大的亮度变化，会导致人眼无法适应，从而引起厌恶、不舒服甚至丧失明视度，这种现象叫作眩光。例如，黑夜中远方忽然出现汽车远光灯，可导致人眼瞬间产生眩光。这就要求人们有社会公德意识，在设计及工作生活中不人为引入眩光，以免给他人造成不良影响。

照度计（或称勒克斯计）是一种专门测量照度的仪表。就是测量物体被照明的程度，也即物体表面所得到的光通量与被照面积之比。照度计通常由硒光电池或硅光电池配合滤光片和微安表组成。光电池是把光能直接转换成电能的光电元件。如图 7-8-1 所示，当光线射到硒光电池表面时，入射光透过金属薄膜到达半导体硒层和金属薄膜的分界面上，在界面上产生光电效应。这时如果接上外电路，就会有电流通过，产生的光生电流的大小与光电池受光表面上的照度有一定的比例关系。电流值从以 1 勒克斯（lx）为单位刻度的微安表上指示出来。

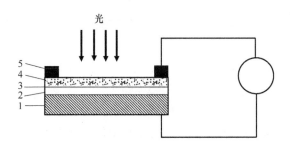

图 7-8-1　照度计结构原理图

1—金属底板　2—硒层　3—分界面　4—金属薄膜　5—集电环

2. 实验器材

采用 FLUKE 941 照度计。

7.8.3　实验步骤

1. 实验场所选择

选择学校教室、学生宿舍、阅览室等场所进行现场测量。

2. 采样点布设

采用中心布点法，将测量区域划分成矩形网格，网格宜为正方形。应在矩形网格中心点测量照度。一般情况下，测量房间每个方格的边长为 1m，大房间可取 2~4m。走道、楼梯等狭长的交通地段沿长度方向中心线布置测点，间距 1~2m。测点数目越多，得到的平均照度值越精确。平均照度为各点照度的平均值，计算公式如下：

$$E_{\mathrm{av}} = \frac{\sum\limits_{i}^{n} E_i}{N}$$

$$(7\text{-}8\text{-}1)$$

式中，E_{av} 为测量区域的平均照度（lx）；E_i 为每个测量网格中心的照度（lx）；N 为测点数。

照度均匀度（U_0）是指规定表面上的最小照度与平均照度之比：

$$U_0 = \frac{E_{\min}}{E_{av}} \qquad (7\text{-}8\text{-}2)$$

式中，$E_{\min}$ 为所测表面上的最小照度（lx）。

本实验中，可以房间所布置的测点面为指定表面，最小照度可认为所测点中的最小照度值。

如果 E_{av} 的允许测量误差为 ±10%，可以用根据室形指数（RI）选择最少测点的办法减少工作量，两者的关系见表 7-8-1。若灯具数与表给出的测点数恰好相等，则必须增加测点。

表 7-8-1 室形指数与测点数的关系

室形指数 RI	最少测点数
<1	4
1~2	9
2~3	16
≥3	25

RI 的计算方法见下式：

$$\text{RI} = \frac{LW}{h_r(L+W)} \qquad (7\text{-}8\text{-}3)$$

式中，L、W 为房间的长和宽（m）；h_r 为由灯具至测量平面的高度（m）。

当以局部照明补充一般照明时，要按人的正常工作位置来测量工作点的照度，将照度计的光电池置于工作面上或进行视觉作业的操作表面上。

测量参考高度、照度平均值、照度均匀度等可参考《建筑照明设计标准》（GB 50034—2013）中的相关规定。教育建筑照明标准值见表 7-8-2。

表 7-8-2 教育建筑照明标准值

房间或场所	参 考 平 面	照度标准值/lx	U_0
教室、阅览室	课桌面	300	0.60
实验室	实验桌面	300	0.60
美术教室	桌面	500	0.60
多媒体教室	0.75cm 水平面	300	0.60
电子信息机房	0.75cm 水平面	500	0.60
计算机教室、电子阅览室	0.75cm 水平面	500	0.60
教室黑板	黑板面	500	0.70
学生宿舍	地面	150	0.40

3. 照度测量

1）打开照度计启动按钮。

2）取下传感器保护罩，并将它与光源垂直放置。

3）给读数选择照度标准和量程，进行测量读数。

4）当完成测试时，将传感器保护罩盖回，以保护滤光片和传感器。光传感器的零点会随着时间而变化，要注意重置零点。具体操作是，盖住传感器，再按"ZERO"按钮，显示屏将显示"ADJ"字样；当完成重置零点时，显示屏将显示"00.0"。

7.8.4 实验结果及报告要求

1）画出房间结构平面图（包括灯具的布置位置和测点位置）。

2）在测点位置标出测试值。

3）汇总后填写相应表格（表7-8-3）。

4）将测点位置正确地标注在平面图上，最好是在平面图的测点位置直接记下数据。

5）根据实测结果，利用相关照明标准（表7-8-2），评价所测环境的照度水平。

表 7-8-3 人工照明室内照度测定数据

测量地点		灯具高度/m	
视觉工作内容		光源种类	
房间尺寸（长/m×宽/m）		室形指数	
照明方式		灯管个数（个）	
平均照度 E_{av}/lx		照度均匀度 U_0	

7.8.5 注意事项

1）请勿在高温、高湿场所下测量。

2）使用时，照度计需保持清洁。

3）光源测试参考准位在受光球面正顶端。

4）照度计的灵敏度会因使用条件或时间而降低，建议将仪表做定期校正，以维持基本精确度。

7.8.6 思考题

1）天气（阳光、温度、温度）对照度有什么影响？

2）若照明均匀度不符合国家标准，会有哪些危害？

7.9 噪声测量实验

7.9.1 实验目的

从心理学上讲，噪声是指一切"不需要的声音"。从物理学上定义，噪声是指无规则、非周期性的杂乱声波。常见的噪声来源有四种：交通噪声、工厂噪声、建筑施工噪声以及社会生活噪声。噪声渗透到人们工作生活的各个领域，不仅损伤人们的听力，干扰人们的工作和休息，影响睡眠，诱发各种心理及生理疾病，在强噪声条件下作业，甚至会诱发噪声聋等职业病。此外，强噪声还会影响设备正常运转，损坏建筑结构等。本实验的目的如下：

1）了解噪声测量仪器的工作原理以及使用方法。

2）掌握噪声的评价指标与评价方法。

3）掌握不同环境下噪声的测量方法。

4）引发学生对噪声危害人身健康问题的关注，教育学生养成良好的声学习惯，培养学生关心自身和他人听力健康的人文情怀。

5）通过认识不同区域的噪声标准，教育学生深入理解实事求是原则，了解决策工作的基本要求：决策时要从决策对象的实际出发，要从决策环境的客观实际出发，要从决策主体的实际出发，要从现代决策活动本身的特点和规律出发。

7.9.2 实验原理与器材

1. 实验原理

声音是由物体振动产生的声波，它是通过介质传播并能被人或动物听觉器官所感知的波动现象。这个波动的大小简称为声压，以 p 表示，其单位是帕斯卡（Pa）。从刚刚可以听到的声音到人们不堪忍受的声音，其声压相差数百万倍。显然，用声压表达各种不同大小的声音实属不便，同时考虑人耳对声音强弱反应的对数特性，用对数方法将声压分为若干个等级，称为声压级。

声压级的定义是：声压与参考声压之比的常用对数乘以 20，单位是分贝（dB）。其表达式如下：

$$L_p = 20\lg \frac{p}{p_0} \tag{7-9-1}$$

式中，p 为声压；p_0 是参考声压，它是人耳刚刚可以听到声音时的声压。

声压级只反映声音的强度对人耳的响度感觉的影响，而不能反映声音频率对响度感觉的影响。利用具有一个频率计权网络的声学测量仪器，对声音进行声压级测量，所得到的读数称为计权声压级，简称声级，单位为 dB。声学测量仪器中，A 计权声级是用 A 计权网络测得的声压级，表征人耳主观听觉较好，因而在噪声测量中，A 声级被用作噪声评价的主要指标。A 计权声级以 L_A 表示，单位是分贝 dB(A)。A 计权声级可用于评价环境噪声和工业企业噪声。我国《声环境质量标准》、噪声的职业接触限值等，均采用 A 声级。

A 计权声级能够较好地反映人耳对噪声的强度与频率的主观感觉，因此对一个连续的稳态噪声，它是一种较好的评价方法，但对一个起伏的或不连续的噪声，A 计权声级就不合适了。因此提出了一个用噪声能量按时间平均方法来评价噪声对人影响的问题，等效连续 A 声级，简称等效声级，它是指在规定测量时间 T 内 A 声级的能量平均值，用 $L_{\mathrm{Aeq},T}$ 表示（简写为 L_{eq}），单位为 dB（A）：

$$L_{\mathrm{eq}} = 10\lg \left(\frac{1}{T} \int_0^T 10^{0.1L_A} \mathrm{d}t \right) \tag{7-9-2}$$

式中，L_A 为 t 时刻的瞬时 A 声级；T 为规定的测量时间段。

实际测量中，除了被测声源产生噪声外，还有其他噪声存在，这种噪声叫作背景噪声。背景噪声会影响到测量的准确性，需要对测量结果进行修正。粗略的修正方法是：先不开启被测声源，测量背景噪声，然后开启声源测量。当两者之差为 3dB 时，应在测量值中减去 3dB，才是被测声源的声压级；当两者之差为 4~5dB 时，减去数应为 2dB；若两者之差为 6~9dB 时，减去数应为 1dB；当两者之差大于 10dB 时，背景噪声可以忽略；当两者之差小于 3dB 时，最好采取措施降低背景噪声后再测量，否则测量结果无效。

测量环境中风、气流、磁场、振动、温度、湿度等因素均会给测量结果带来影响。特别是风和气流的影响。当存在这些影响时，应使用防风罩等测量附件来减少影响。

噪声的测量通常采用声级计进行。声级计是按照国际标准和国家标准，按照一定的频率计权和时间计权测量声压级的仪器。声级计的工作原理如图 7-9-1 所示。传声器接收声压后，将声压信号转换成电信号，经前置放大器做阻抗变换，使电容式传声器与衰减器匹配，再由计权放大器将信号送入计权网络，对信号进行频率计权。输出的信号由输出衰减器减到额定值，随即送到输出放大器放大，使信号达到相应的功率后输出。

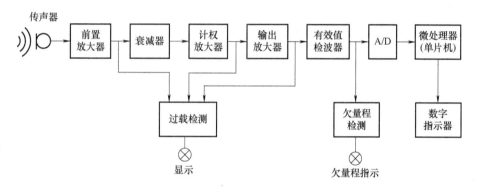

图 7-9-1　声级计的工作原理

（1）传声器

传声器是把声信号转换成交流电信号的换能器。在声级计中，一般用电容式传声器，它具有性能稳定、动态范围宽、频响平直、体积小等特点。电容传声器由相互紧靠着的后极板和绷紧的金属膜片组成，后极板和膜片在电气上互相绝缘，构成以空气为介质的电容器的两个电极。两电极上加有电压（极化电压 200V 或 28V），电容器充电，并储有电荷。当声波作用在膜片上时，膜片发生振动，使膜片与后极板之间的距离发生变化，电容也变化，于是就产生一个与声波成比例的交变电压信号，送到后面的前置放大器。

（2）前置放大器

由于电容传声器电容量很小、内阻很高，而后级衰减器和放大器阻抗不可能很高，因此中间需要加前置放大器进行阻抗变换。前置放大器通常由场效应管接成源极跟随器，加上自举电路，使其输入电阻达到几百兆欧以上，输入电容小于 3pF，甚至小于 0.5pF。输入电阻低，则影响低频响应；输入电容大，则降低传声器灵敏度。

（3）衰减器

衰减器将大的信号衰减，以提高测量范围。

（4）计权放大器

计权放大器将微弱信号放大，按要求进行频率计权（频率滤波）。声级计中一般均有 A 计权放大器计权，也可有 C 计权或不计权（Zero，Z）及平直特性（F）。

（5）有效值检波器

有效值检波器将交流信号检波整流成直流信号，直流信号大小与交流信号有效值成比例。

（6）A/D

A/D 将模拟信号变换成数字信号，以便进行数字指示或送微处理器进行计算、处理。

（7）数字指示器

数字指示器以数字形式直接指示被测声级的分贝数，使读数更加直观。数字显示器件通常为液晶显示（LCD）或发光二极管显示（LED），前者耗电省，后者亮度高。采用数字指示的声级计又称为数显声级计，如 AWA5633 数显声级计。

（8）微处理器（单片机）

微处理器对测量值进行计算、处理。

（9）电源

电源一般是 DC/DC，将供电电源（电池）进行电压变换及稳压后，供给各部分电路工作。

2. 实验器材

采用 HY-104 型声级计。

7.9.3 实验步骤

1. 环境区域噪声测定

1）选择校园中特定的区域，如图书馆、教学楼、体育场、教室等，将其划分成等距离网格，网格数目一般多于 10 个。根据网格划分，画出测量网格以及测点分布图。

2）测量点定在网格中心。室内测量，距离墙面和其他反射面至少 1m，距离窗约 1.5m 处，距离地面 1.2~1.5m 高。户外测量，至少在距离反射物 3.5m 以外测量，测点离地面高度大于 1.2m。

3）测量时，采用声级校准器对声级计进行校准。

4）根据实际情况选取某一时段进行测量。在规定的测量时间内，每次每个测点测量 10min 的等效连续 A 声级，同时记录噪声源。

5）测量完成后，再次对声级计进行校准。

2. 道路交通噪声测量

选定某一交通路段作为测量路段。

1）测点选在路段之间距离车行道路沿 20cm 处的人行道上。该测量路段布置 5 个测点，两端的测点距离路口应不少于 50m，画出测点布置图。

2）测量时，采用声级校准器对声级计进行校准。

3）连续进行 20min 的交通噪声测量，并采用 2 只计数器分别记录大型车和小型车的数量。

4）测量后，再次对声级计进行校准。

7.9.4 实验结果及报告要求

1. 环境区域噪声

环境区域噪声测定实验结束后，应提交如下结果：

1）测量网格及测点分布图。

2）环境区域噪声测量结果。将测量结果记录于表 7-9-1。

表 7-9-1 环境区域噪声测量结果

测量区域：

测量时间：

温度：　　　　　　　　　　湿度：　　　　　　　　　　风速：

测量点编号	测量值 L_{eq}	噪声源

3）根据《声环境质量标准》（GB 3096—2008）进行评价（表 7-9-2）。分析评价时注意：不同区域的噪声标准不同，要正确判断测量区域的适用标准，实事求是地进行分析评价。

表 7-9-2 环境噪声限值　　　　　　　　　　（单位：dB）

声环境功能区类别		时　　段	
		昼间	夜间
0 类		50	40
1 类		55	45
2 类		60	50
3 类		65	55
4 类	4a 类	70	55
	4b 类	70	60

说明：

0 类声环境功能区：指康复疗养区等特别需要安静的区域。

1 类声环境功能区：指以居民住宅、医疗卫生、文化教育、科研设计、行政办公为主要功能，需要保持安静的区域。

2 类声环境功能区：指以商业金融、集市贸易为主要功能，或者居住、商业、工业混杂，需要维护住宅安静的区域。

3 类声环境功能区：指以工业生产、仓储物流为主要功能，需要防止工业噪声对周围环境产生严重影响的区域。

4 类声环境功能区：指交通干线两侧一定距离之内，需要防止交通噪声对周围环境产生严重影响的区域，包括 4a 类和 4b 类两种类型。4a 类为高速公路、一级公路、二级公路、城市快速路、城市主干路、城市次干路、城市轨道交通（地面段）、内河航道两侧区域；4b 类为铁路干线两侧区域。

2. 道路交通噪声

道路交通噪声测定实验结束后，应提交如下结果：

1）测量网格及测点分布图。

2）道路交通噪声测量结果。将测量结果记录于表 7-9-3。

表 7-9-3　道路交通噪声测量结果

测量区域：

测量时间：

温度：　　　　　　　湿度：　　　　　　　风速：

测量点	L_{eq}	L_{10}	L_{50}	L_{90}	车流（辆/h）	
					小型车	大型车
1						
2						
3						
4						
5						

注：1. 在规定测量时间内，有 N% 时间的 A 计权声级超过某一噪声级，该噪声级就称为累计百分声级，用 L_N 表示，单位为 dB。累计百分声级用来表示随时间起伏的无规则噪声的声级分布特性，最常用的是 L_{10}、L_{50} 和 L_{90}。

2. L_{10} 表示在测量时间内有 10% 的时间 A 声级超过的值，相当于噪声的平均峰值。

3. L_{50} 表示在测量时间内有 50% 的时间 A 声级超过的值，相当于噪声的平均中值。

4. L_{90} 表示在测量时间内有 90% 的时间 A 声级超过的值，相当于噪声的平均本底值。

3）计算噪声平均值。根据在 5 个不同测点测量的噪声值，按路段长度进行加权算术平均，得出某交通干线区域的环境噪声平均值，计算公式如下：

$$L = \frac{1}{l} \sum_{i=1}^{n} l_i L_i \qquad (7\text{-}9\text{-}3)$$

式中，L 为某交通干线两侧区域的环境噪声平均值（dB）；l 为典型路段的长度和，$l = \sum_{i=1}^{n} l_i$（km）；l_i 为第 i 段典型路段的长度（km）；L_i 为第 i 段典型路段测得的等效声级 L_{eq} 或累计百分声级

L_{10}、L_{50}、L_{90}（dB）。

4）根据《声环境质量标准》（GB 3096—2008）进行评价（表 7-9-2）。

5）根据评价量及车流量随时间段的变化关系，分析评价量与车流量的变化趋势。

6）分析等效声级与累计百分声级之间的关系。

7.9.5 注意事项

1）测量应在无雨雪、无雷电天气，风速 5m/s 以下时进行。

2）环境及交通噪声测量要分为白天和夜间测量两部分，具体划分时间依当地规定或习惯以及季节变化而定。

3）实验中一定要注意噪声源和背景噪声的测量。

7.9.6 思考题

1）噪声有哪些危害？说明生活中如何养成良好的声学习惯。

2）在噪声测量中为什么常采用等效连续 A 声级来评价环境区域噪声？

3）声级计的基本功能是什么？为什么测定不同环境噪声要用不同的噪声评价标准？

4）若要了解噪声对人体健康的影响，如何选择测点位置？

7.10 粉尘测定分析实验

7.10.1 实验目的

国际标准化组织规定，粒径小于 75μm 的固体悬浮物为粉尘。粉尘可以在自然环境中天然产生，如火山喷发产生的尘埃，也可以在工业生产或日常生活中的各种活动生成，如矿山开采过程中岩石破碎产生的大量尘粒。生产性粉尘就是在生产过程中形成的，并能长时间飘浮在空气中的固体颗粒。生产性粉尘可以通过呼吸道、眼睛、皮肤等进入人体，对人体造成伤害，严重时可引起尘肺病等职业病。可燃性粉尘是指在空气中能燃烧或焖燃，在常温常压下与空气形成爆炸性混合物的粉尘、纤维或飞絮。可燃性粉尘在空气中达到一定的浓度，遇到点火源则引起火灾爆炸事故。本实验的目的如下：

1）熟悉测量粉尘浓度的仪器设备的使用方法。

2）掌握测定生产场所空气中粉尘浓度的方法和技能。

3）能够根据生产场所的实际情况设计测试方案，并能根据所测结果对作业场所空气中的粉尘污染情况做出评价。

4）了解作业场所粉尘的危害和粉尘浓度控制的重要意义，培养学生保护人民身体健康的社会责任感，提升学生的专业认同度。

5）通过讲解正确选择采样点的方法和意义，培养学生整体、系统的科学思维，避免"以偏概全"问题的出现。同时，教育学生客观、公正、真实地记录和反映问题，养成良好的职业习惯。

7.10.2 实验原理与器材

1. 实验原理

激光可吸入粉尘连续测试仪由组装在一起的感应器和数据处理器组成。感应器是仪器数据采集的关键部件，该部件的原理是将激光束经过一组非球面镜变成一束功率密度均匀分布的细测量光束，在光束轨迹的侧前方为一前焦点落在光束轨迹上、后焦点落在一光电转换器上的散射光收集透镜组，当流动的取样空气通过激光束与散射光收集镜组的前焦点交汇处时，空气中的尘埃粒子发出与其物理尺寸相对应的散射光，散射光经过光学透镜收集，在后焦点处由光电转换器件接收，并转换成相应的电信号。感应器的采样气体进口设置在仪器的顶端位置。采集空气的动力源是无刷直流风机。数据处理器则将感应器收集到的电信号经过电子切割器将大粒子分离以后，由微处理器进行湿度、质量浓度等换算。

2. 实验器材

采用激光可吸入粉尘连续测试仪。主要技术参数如下：

1）可吸入颗粒物浓度测量范围：$0.001 \sim 10\text{mg/m}^3$。

2）可吸入颗粒物粒径分辨率：$0.3 \sim 10\mu\text{m}$。

3）可吸入颗粒物检测灵敏度：0.001mg/m^3。

4）采样流量：1L/min。

7.10.3 实验步骤

1. 采样点与采样方法

为正确选择采样点、采样对象、采样方法和采样时机等，必须在采样前对工作场所进行现场调查。

采样点的选择原则如下：

1）本实验采用定点采样的方法。选择有代表性的工作地点，其中应包括空气中有害物质浓度最高、劳动者接触时间最长的工作地点。

2）在不影响劳动者工作的情况下，采样点尽可能靠近劳动者；空气收集器应尽量接近劳动者工作时的呼吸带。

3）在评价工作场所防护设备或措施的防护效果时，应根据设备的情况选定采样点，在劳动者工作时的呼吸带进行采样。

4）采样点应设在工作地点的下风向，应远离排气口和可能产生涡流的地点。

5）采样时间为15min。

2. 操作步骤

（1）开机

将切换开关向下拨至下端位置，仪器显示欢迎界面2s后，进入待机界面。在此界面中，区域是指下次测量所选择的数据存储区域，屏幕右上角的电池符号指示当前内置电池的电量，屏幕最下方为当前的系统时间。

（2）自校

按<自校>键，仪器自动进行自校，自校时间为 1min。听到仪器中蜂鸣器鸣叫声，自校完成。自校的本底噪声通过液晶显示屏显示出来。当自校结束，显示值低于"10"时，自校合格，提示音为短响"嘀"声。当自校结束，显示值大于"10"时，自校不合格，提示音为长响"嘀"声。对于自校不合格的仪器不能用于检测。

（3）测量

1）仪表测量以前，应取下仪器上方进气口的防护盖。

2）按<区域>键选择测量数据存储区，用于选择测量时的数据存储在哪里。本仪器内置10 个存储区，分别用数字 0~9 代表，屏幕中显示每个存储区域已存储的数据测量时间及样本数量，如果某个区域已有测量数据，则此区域不能被选择，用户可通过<清除>键清除该区域的数据，再用<确定>键选择该区域。

3）按<程式>键选择此次测量的时间间隔。在此界面，按<设置>键可对对应程式的参数进行修改，按<确认>键保存设置的程式参数。该仪器可预置 8 组采样时间间隔，每组的测量与停止时间在 0~99min 内，用户可自行设置。例如，选择测 2min 停 3min，仪器将执行每分钟测 1 次，连续测 2 次，取平均值，显示并储存，然后待机 3min，再继续循环测量。这种方法可连续观察大气尘埃浓度变化。

4）按<测量>键进入测量程序。完成上述第 2）、3）两项操作后，返回待机界面，此时按<测量>键，仪器按设定的程序完成测量。每次平均值的数据将存储在所指定的存储区内。按<停止>键可停止本次测量。当测量区域的数据已存满时，仪器也将自动停止测量，进入待机状态。

5）按<查询>键，选择要查询的测量数据存储区。通过按<▲><▼>键选择区域，并确定。通过按<▲><▼>键滚动查询本区域所有的测量数据，每条测量数据包括数据的序号、测量时间、测量值，按<确定>键，测量值可在颗粒数与浓度值之间切换。

7.10.4 实验结果及报告要求

1）根据企业生产实际情况和工艺分析，选择粉尘浓度高和粉尘浓度平均两个不同时段进行采样。

2）绘制采样场所平面布置图，并标注采样点。将粉尘浓度测量结果记入表 7-10-1。

3）分析不同采样点位粉尘浓度不同的原因，对照国家标准，分析粉尘浓度是否满足要求。

表 7-10-1　粉尘浓度测量结果记录表

采样地点： 温度：		采样时间： 湿度：	
测点号	粉尘浓度/（mg/m³）	测点部位	测点布置示意图
1			
2			
3			
4			
5			

7.10.5　注意事项

1）当测量结束时，必须将左侧电源开关拨至"关"的位置。否则有可能引起电池过度放电，影响电池的使用寿命。

2）不得将烟雾及高浓度颗粒物直接喷入传感器取样口，以免污染光学系统。

3）谨防振动、摔打、碰撞。

4）若仪器长时间不使用，要切断总电源，用罩子罩住仪器。

7.10.6　思考题

1）说明作业场所中生产性粉尘的概念、分类、危害及危害程度分级，并试阐述粉尘的防治措施。

2）通过实验，对所测量作业场所的粉尘危害情况进行评价，指出存在的问题，并结合作业场所提出合理的粉尘控制和防治措施。

7.11　可燃气体检测报警实验

7.11.1　实验目的

可燃气体是指能够与空气（或氧气）在一定的浓度范围内均匀混合形成预混气，遇到火源会发生爆炸，燃烧过程中释放出大量能量的气体。可燃气体在常温常压下呈气态，如氢气、乙炔、乙烯、氨气、硫化氢等，具有气体的一般特性。可燃气体按照一定的流速从喷嘴喷射出，其燃烧速度取决于可燃气体与空气的扩散速度。可燃气体与助燃性气体按照一定的比例混合喷射点燃称为混合燃烧，其燃烧速度取决于可燃气体的反应速度。可燃性气体在相应的助燃介质中，按照一定的比例混合，在点火源作用下，能够引起燃烧或爆炸。可燃气体的危险性主要视其爆炸极限而定，爆炸下限数值越小，爆炸下限与上限之间的范围越大，其危险性越高。可燃性气体在石油、化工、煤矿等行业普遍存在，具有较强的火灾爆炸危险性。本实验目的如下：

1）掌握可燃气体的爆炸范围和爆炸极限等概念。

2）掌握可燃气体检测报警仪的使用方法。

3）准确检测给定环境中可燃气体的浓度。

4）以可燃气体浓度从低到高直到达到爆炸浓度的渐变过程为例，认识事物从量变到质变的发展规律，说明对于任何微小的安全隐患，若不及时处理，均可能留下无穷的后患。培养防患于未然的安全意识，增强对安全领域职业的认同度和社会责任感。

7.11.2　实验原理与器材

1. 实验原理

催化燃烧式气体传感器是利用催化燃烧的热效应原理，由检测元件和补偿元件配对构成测量电桥。在一定温度条件下，可燃性气体（H_2、CO 和 CH_4 等）与空气中的氧接触，发生氧化反应，产生反应热（无焰接触燃烧热），使得敏感材料铂丝温度升高，具有正的温度系数的金属铂的电阻值相应增加，并且在温度不太高时，电阻率与温度的关系具有良好的线性关系。一般情况下，空气中可燃性气体的浓度都不太高（低于 10%），可以完全燃烧，其发热量与可燃性气体的浓度成正比。这样，铂电阻值的增大量就与可燃性气体浓度成正比。因此，只要测定铂丝的电阻变化值，就可以检测到空气中可燃性气体的浓度。

氧气对易燃易爆气体的测量影响较大。催化燃烧式传感器要求至少 8%～10% 的氧气才能进行准确测量。而在 100% 可燃气浓度下，这种仪器上显示的爆炸下限（LEL）读数将是 0%。因此，在测量易燃易爆气体前必须先测量氧气浓度。如果在完全无氧的情况下测量 LEL 值很容易得到错误的结果。

可燃性气体泄漏是一个动态的过程，只有当浓度达到一定的限值，才会引发爆炸或火灾等危害后果的发生。可燃性气体的监测标准取决于可燃物质的危险特性，且主要是由可燃性气体的爆炸下限决定的。从监测和控制两方面的要求来看，当可燃气的浓度达到阈限值时，监测首先应给出报警或预警指示，以便采取相应的措施，而其中规定的浓度阈值和可燃性气体与空气混合物的爆炸下限直接相关。一般取爆炸下限的 10% 左右作为报警阈值，当可燃性气体的浓度继续上升，一般达到其爆炸下限的 20%～25% 时，监控功能中的联动控制装置将产生动作，以免形成火灾及爆炸事故。

本实验中传感器以扩散方式直接与环境中的被测气体反应，产生线性变化的电压信号。信号处理电路由以智能芯片为主的多块集成电路构成。传感器输出信号经滤波放大、模数转换、模型运算等处理，直接在液晶屏上显示被测气体的浓度值。仪器可设置二级报警，当气体浓度达到预置的报警值时，仪器将依据报警级别的不同，发出不同频率的声、光报警信号。

2. 实验器材

可燃气体检测报警仪。

7.11.3 实验步骤

1. 测量位点选择

应根据气体的理化性质、释放源的特性、生产场地布置、地理条件、环境气候等因素进行综合分析，选择可燃气体容易积聚、便于采样的位置。

2. 测量状态设定

按下<开关>键，待蜂鸣器三声"嘟"结束时，松开按键，完成开机过程，进入测量状态。仪器在测量状态可以完成以下功能：

1）实时测量功能：仪器实时测量环境中的可燃气含量。

2）报警与消声功能：仪器有两级报警功能，报警限值可预置。当仪器检测到环境中的可燃气含量超过报警限值时，即发出声光报警信号。操作者可以按一下<▼>键关闭声报警信号，只保留光报警信号。

3）背光功能：按一下<◉>键，液晶屏背光开启，以便于夜间观察。持续 5s 后，背光自动关闭。

4）最大值保持功能：

① 开启最大值测量：按住<▼>键，直至液晶屏左下角显示"MAX"标志，此时开始测定，仪器显示的是测量过程中的最大值。

② 结束最大值测量：按住<▼>键，直至液晶屏左下角的"MAX"标志消失，仪器返回实时测量状态。

3. 校准状态设定

仪器的校准必须在清洁的空气中进行。仪器处于测量状态时，按一下<设置>键，进入校准状态，液晶屏显示闪烁的"000"。按一下<设置>键，仪器进行零点校准，结束时液晶屏显示"End"；如不操作任何键，5s 后自动返回测量状态。

4. 设置报警值

零位校准结束，液晶屏显示"End"时，再按一下<设置>键，则进入报警限设置。按<◉>键或<▼>键，可修改报警限值，修改完毕按一下<设置>键即可。液晶屏显示"Lo"标志，表示低限报警；液晶屏显示"Hi"标志，表示高限报警。

5. 标定状态

为保证仪器具有稳定的测量精度，仪器在使用过程中应定期进行标定。标定步骤如下：

1）仪器处于正常测量状态，数据显示稳定，调整标准气瓶气体流量为 200mL/min；保持气体流过传感器 1min，使显示屏读数趋于稳定。

2）待读数稳定后，持续按下<设置>键约 3s，直到显示"CAb"后松开按键。

3）继续使标准气体流过传感器，5s 后显示屏显示闪烁的测量值。

4）如果闪烁的测量值与标准气体浓度有差异，请按<◉>键或<▼>键，将测量值修正到标准气体浓度值，然后按<设置>键，显示屏显示"End"表示标定结束，2s 后仪器自动返回正常测量状态，即可关闭标准气体。

7.11.4 实验结果及报告要求

实验结束后将实验结果填写于表 7-11-1。

表 7-11-1 可燃气体检测报警实验记录表

测量时间：　　　　　温度：　　　　　湿度：

测量点	气体名称	气体浓度/（mg/m³）	报警阈值 LEL（%）	报警响应情况
1				
2				
3				
4				
5				

7.11.5　注意事项

1）需在无腐蚀性气体、油烟、尘埃并防雨的场所使用，不要在无线电发射台附近使用或校准仪器。仪器内部要注意防水、防尘及防止金属杂质进入。

2）严禁使气体检测仪经常接触浓度高于检测范围以上的高浓度气体，并严禁碰撞和拆卸传感器，否则会损失传感器工作寿命。严禁用本仪器测试超量程高浓度可燃性气体（例如打火机气体），以免造成传感器永久性损坏。

3）应在清洁的环境下完成仪器的调整或充电。若仪器长时间无反应，请关闭电源重新启动。

4）为保证测量精度，仪器应定期进行标定，标定周期不得超过一年。

7.11.6　思考题

1）有限空间作业前需要测量哪些气体？简述测量步骤。
2）分析影响可燃气体测定的因素。

7.12　生产工艺参数检测综合实验

7.12.1　实验目的

通过本实验，学生可熟练掌握常用流量仪表、压力仪表、温度仪表、物位仪表的选择、使用、安装与维护，加强学生对仪表工作原理的理解，培养学生的专业基础技能，提高学生的实际操作能力，为将来走向工作岗位打下坚实基础。

7.12.2　实验器材

采用生产工艺参数检测综合实验平台。常见的生产工艺参数包括压力、温度、流量、物位。本实验系统包括气体管道系统和液体管道系统。

气体管道系统介质为空气，采用空气压缩机提供气源，过滤后经调压器调压后进入测量管路。系统压力测量装置为精密压力表、电接点压力表、隔膜压力变送器、压力变送器等，流量测量装置为气体腰轮流量计、气体涡轮流量计、玻璃转子流量计、金属管转子流量计、超声波气体流量计等。

液体管道系统介质为水，采用柱形水箱提供水源，通过离心泵提供动力。水箱配有物位测量装置，包括玻璃管液位计、浮筒液位计、静压式液位计、电容液位计等。系统压力测量装置为精密压力表、电接点压力表、隔膜压力变送器、压力变送器。系统流量测量装置为玻璃转子流量计、金属管转子流量计、涡街流量计、液体涡轮流量计、电磁流量计、一体式孔板流量计等。系统温度测量系统采用温度传感器热电阻和热电偶。

系统配有综合控制柜，采集各仪表参数，联动单座调节阀实现系统参数联动控制。

7.12.3 实验内容

1）认识系统中流量仪表、压力仪表、温度仪表、物位仪表的类型，并能说明其测量原理、适用范围。

2）分别观察液体管道系统和气体管道系统中各类仪表的安装位置，绘制系统图，并在图上标注压力和流量测量仪表的安装位置，说明安装位置要求和注意事项。

3）打开电源，启动系统主泵，将阀门开度设置在50%，观察并记录如下内容：

① 系统中不同位置压力测量仪表的种类、位置、读数、量程、精度。

② 系统中不同位置流量测量仪表的种类、位置、读数、量程、精度。

③ 系统中温度测量仪表的种类、读数。

④ 系统中物位测量仪表的种类、读数。

4）调节系统阀门的开度分别至60%、70%、80%，观察仪表读数的变化。

5）观察计算机控制主机与系统仪表之间的关系，说明如何实现数据传输。

7.12.4 思考题

1）如何根据不同的安装环境选择合适的仪表？选择错误会有怎样的后果？

2）说明压力仪表精度和量程的选择要求，并说明选择错误的后果。

8

第8章
应急救援实验

8.1 危险气体泄漏扩散模拟实验

8.1.1 实验目的

危险性气体具有易燃、易爆、有毒等特性，一旦发生泄漏，会诱发火灾、爆炸事故，造成环境破坏和人员伤亡。通过开展气体泄漏扩散的研究，认识泄漏扩散机理与规律，并进一步预测泄漏气体扩散的危险区范围，尽快制订相应的应急措施，可以把损失降到最小。本实验的目的如下：

1）通过开展气体泄漏扩散模拟实验，使学生了解计算流体动力学（CFD）方法解决实际问题的基本思路。

2）掌握 FLUENT 软件模拟气体泄漏扩散过程的基本步骤。

3）能够应用模拟结果分析气体泄漏扩散过程以及气体泄漏、环境条件的影响。

4）通过软件模拟手段构建虚拟仿真实验，培养学生在科学研究过程中的知行统一理念和探索创新精神。通过模拟结果分析事故后果，培养学生未来作为安全工程师的专业精神和社会责任感。

8.1.2 实验原理

计算流体动力学方法是将流体力学中表示流体动量、质量、组分、能量的偏微分方程组近似地表示为离散的代数形式，形成代数方程组，然后通过计算机求解离散的代数方程组，获得离散的时间、空间点上的数值解来代替这些方程的解析解。

用于流体力学计算的商业软件有 FLUENT、STAR-CCM+、XFLOW、CFD-ACE+、FLoEFD、Phoenics、RealFlow 等。FLUENT 是比较流行的 CFD 软件，它包括丰富的模型，先进的数值方法及强大的前处理、后处理功能，在流体、传热传质及化学反应方面广泛应用。本次实验为仿真实验，选用 FLUENT 软件，模拟流程如图 8-1-1 所示。

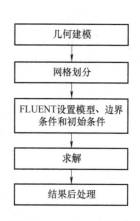

图 8-1-1　FLUENT 数值模拟流程

8.1.3 模拟工况

在化工、石油化工、能源及相关领域中,易燃易爆及有毒物质的生产、储存和运输设备随使用时间的推移、可能由于腐蚀、第三方破坏、自然灾害等因素造成的损坏发生泄漏事故。根据泄漏介质的性质,事故可能造成严重的人员毒性伤害及环境污染,还可能会引发火灾或爆炸,因此通过数值模拟手段认识和理解泄漏扩散过程,对于应急处置泄漏事故具有实际意义。

本次实验模拟的油气泄漏示意图如图 8-1-2 所示。选取长 10m、高 5m 的二维空间作为油气泄漏后的扩散范围,泄漏位置选取在地面中间,泄漏口大小设置为 1cm,左侧为风的来流方向。泄漏介质为油气 $C_{16}H_{29}$ 蒸气,以一定速度从泄漏位置射流进入扩散空间,模拟实际泄漏场景。

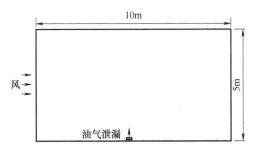

图 8-1-2 模拟油气泄漏示意图

8.1.4 模拟步骤

1. 创建模型

本次模拟仿真几何模型为简单的二维矩形,学生可以自主采用任何 CAD 软件绘制。对于泄漏扩散问题,一般泄漏口的尺度与扩散的空间相比要相差几个数量级,为在图上明显表示泄漏口位置,方便下一步网格划分,可以在泄漏绘制凸出或凹入的矩形表示泄漏口。

2. 网格划分

二维矩形几何划分网格比较容易,采用 Gambit、ICEM 等软件均可划分高质量的网格,应用 ICEM 软件划分泄漏扩散区域四边形网格(图 8-1-3),在边界层和泄漏射流局部采用较密的网格。

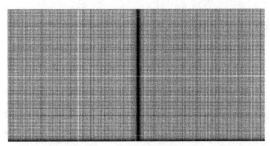

图 8-1-3 应用 ICEM 软件划分泄漏扩散区域四边形网格

3. 扩散过程模型设置

1）通用求解器设置：根据泄漏量、扩散区域随时间增加而变化的特征，泄漏扩散过程选择非稳态计算；同时考虑压力、密度变化不大，选择 Pressure-based 求解器，可以降低计算过程的内存需求。

2）泄漏模型选择：泄漏扩散涉及的流体力学方程包括连续性方程、动量方程、湍流方程和组分传输方程，FLUENT 软件中包括这些模型，只需要在 FLUENT 平台左侧模型树中选择相应的方程，FLUENT 计算流体湍流黏性包括常用的 $k-\varepsilon$、$k-\omega$、DES、LES 等湍流模型，本次模拟选择 Realizable $k-\varepsilon$ 湍流模型。

3）材料设置：本次模拟泄漏介质选择油气蒸气，在 FLUENT 设置中选择 $C_{16}H_{29}$ 表示油气蒸气，忽略扩散过程温度变化，空气和油气蒸气属性从 FLUENT 数据库选择，如油气蒸气 $C_{16}H_{29}$ 分子量为 221.16，比热容为常数 2430J/（kg·K）。

4）边界条件和初始条件：根据图 8-1-2 的工况在 FLUENT 平台设置边界条件，介质泄漏采用 3m/s 的速度边界条件；左侧为上风向，风速为 0.1m/s；地面设置"wall"边界条件；右侧和上方设置"outflow"边界条件，表示泄漏介质和空气自由出流边界条件。

4. 求解器设置

求解器选择 SIMPLEC 压力-速度耦合求解方式。压力采用二阶离散格式；动量和各组分采用二阶迎风格式；时间迭代采用比较稳定的一阶隐式求解。各项迭代松弛因子采用 FLUENT 默认值。时间步长为 0.1s；鉴于规则的四边形网格和流速较小，每一时间步内流场迭代不得大于 30 次。

5. 模拟结果查看与分析

模拟结果可以通过 FLUENT 平台或者输出到其他后处理软件进行查看。图 8-1-4~图 8-1-7 分别为油气蒸气泄漏后 30s、60s、90s、120s 时刻二维空间油气蒸气质量浓度分布。结合图 8-1-2 的模拟工况，可以看出，随着泄漏时间增加，油气蒸气在下风侧扩散区域和浓度有逐渐增加的趋势。

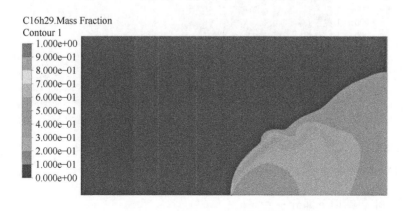

图 8-1-4　30s 时刻二维空间油气蒸气质量浓度分布

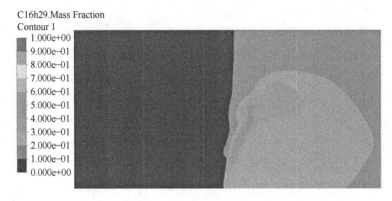

图 8-1-5　60s 时刻二维空间油气蒸气质量浓度分布

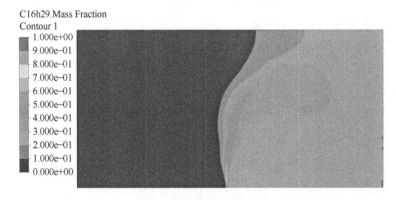

图 8-1-6　90s 时刻二维空间油气蒸气质量浓度分布

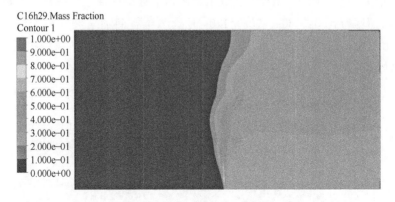

图 8-1-7　120s 时刻二维空间油气蒸气质量浓度分布

8.1.5　数值模拟报告要求

模拟报告要求包括以下部分：

1）模拟工况描述。

2）选择模型和边界条件描述。

3）模拟结果包括泄漏介质随时间的定性、定量分析。

4）分析泄漏介质扩散在空间的浓度分布，说明泄漏的危害及控制措施。

5）在二维模拟的基础上，进行泄漏扩散过程三维模拟，比较二维和三维模型的区别，分析其优缺点。

8.1.6 注意事项

1）泄漏口的压力或速度可以设置常数，也可以随时间变化，根据实际情况简化，相应的结果也会不同。

2）时间步长取值根据网格、边界条件等确定，一般增加时间步长，也应该增加每一时间步流场的迭代次数，并更具迭代的曲线调整。

8.1.7 思考题

1）设置不同的边界条件、包括泄漏场所、介质、速度等参数模拟泄漏扩散过程，分析不同条件下的浓度分布特征。

2）思考如何根据气相条件、泄漏条件等指导应急工作。

8.2 建筑内人员疏散虚拟仿真实验

8.2.1 实验目的

安全疏散是指发生火灾时，在火灾初期阶段，建筑内所有人员及时撤离建筑物，到达安全地点的过程。能否实现安全疏散，受多种因素影响，但从建筑物本身的构造来说，应考虑合理设置疏散路线、楼梯的宽度、疏散出口的数量和位置、指示人员逃生的视听信号以及辅助安全疏散设施等。本实验目的如下：

1）通过开展建筑人员疏散的虚拟仿真实验，使学生认识和理解突发事件（火灾）下人员的个体、群体行为以及疏散过程。

2）掌握 Pathfinder 软件疏散模拟方法和步骤。

3）学生通过软件模拟手段构建虚拟仿真实验，培养工匠精神和创新精神；通过模拟结果分析事故后果，培训专业精神和社会责任感。

8.2.2 实验原理与器材

1. 实验原理

建筑物发生火灾后，人员是否能够从建筑物内逃生取决火灾蔓延与人员疏散过程的比较，一般通过可用安全疏散时间（Available Safe Evacuation Time，ASET）和所需安全疏散时间（Required Safety Evacuation Time，RSET）量化上述两个过程的比较（图 8-2-1）。ASET 是指火灾到达危险状态前人员疏散到达安全区域的时间，主要与火灾烟气的流动与蔓延有关，包括烟气层高度、温度、CO 浓度和能见度对人员构成威胁和产生伤害的时间；RSET

为人员疏散到安全区域所必须使用的时间，主要包括火灾探测时间、人员疏散运动准备时间和人员疏散运动时间。若 RSET<ASET，可以认为建筑物内人员能够安全疏散；反之，表示建筑物内人员安全疏散设计没有达到安全设计的标准。由于疏散计算不能完全反映实际情况，因此在进行人员安全疏散计算时应该考虑一定的安全余量。

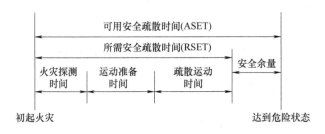

图 8-2-1　人员安全疏散判定

2. 实验器材

Pathfinder 是基于智能体模拟人员在建筑物内疏散的仿真软件，该软件为人员疏散的模拟提供 2D、3D 及导航视图模式。Pathfinder 软件模拟人员疏散流程如图 8-2-2 所示。

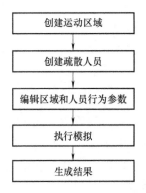

图 8-2-2　**Pathfinder 软件模拟人员疏散流程**

Pathfinder 软件支持 SFPE 和 Steering 两个主要的人员运动模式。SFPE 模式采用了消防工程的 SFPE 手册中的假设和门队列控制机制，人员会自动转移到最近的出口，人员不会相互影响。Steering 模式使用路径规划指导机制和碰撞处理相结合控制人员运动。

8.2.3　实验步骤

1. 创建模型

建议学生选择含电梯、楼梯复杂的建筑结构，探索人员、行为参数影响疏散过程，并提出缩短疏散时间的措施。

1）应用 Pathfinder 软件创建运动区域。Pathfinder 也允许导入 CAD、Revit、PyroSim 等建模软件创建的模型。

2）根据建筑实际设置门、分隔房间、楼梯、电梯等。以某单层工厂为例，用 Pathfinder 软件创建的疏散运动区域如图 8-2-3 所示。

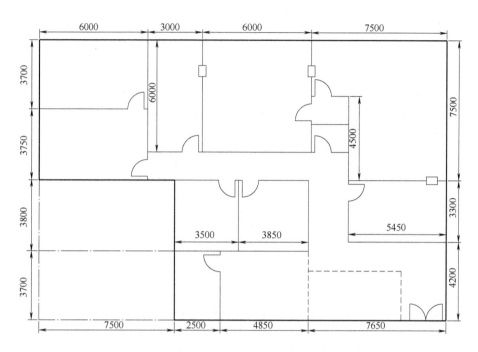

图 8-2-3 用 Pathfinder 软件创建的疏散运动区域

2. 设置人员参数

1）通过左侧导航添加疏散的人员，设置人员参数，包括人员的肩宽、速度等参数。

2）在 Pathfinder 中行为代表整个模拟过程中居住者将采取的行动序列，如选择电梯、等待、去固定位置等行为。这些参数既可以对某一特定人员设置，也可以对群体设置。在图 8-2-3 的基础上，用 Pathfinder 软件在运动区域随机添加人员的情况如图 8-2-4 所示。

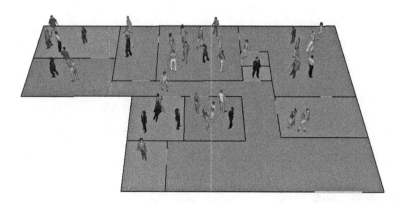

图 8-2-4 用 Pathfinder 软件在运动区域随机添加人员

3. 设置模拟参数

1）模拟参数设置包括 SFPE 和 Steering 模式选择、数据保存频率、时间步长、模拟时间等（图 8-2-5）。

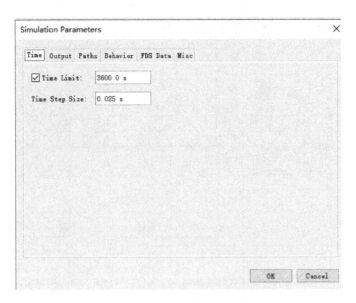

图 8-2-5　Pathfinder 模拟参数设置

2）启动模拟。启动模拟将出现如图 8-2-6 所示的运行模拟窗口，该窗口显示人员疏散动态数据，如与出口的最大距离、平均距离等。

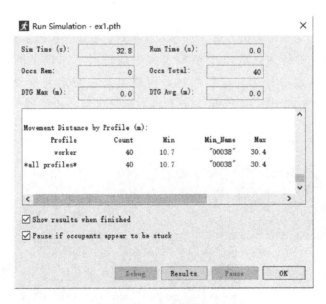

图 8-2-6　运行模拟窗口

4. 模拟结果查看与分析

1）Pathfinder 软件提供了一个实时输出的可视化程序，用来查看人员疏散的 3D 结果，它像一个视频播放器，运行调整视角可观察人员疏散的动态过程（图 8-2-7）。

2）Pathfinder 软件可以给出人员数量动态分析，如某房间人员数量和出口通过人员数量随时间的变化情况（图 8-2-8）。

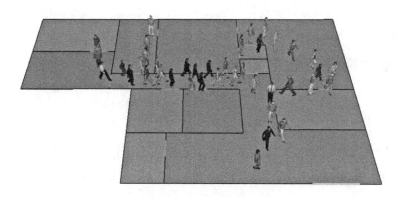

图 8-2-7　3D 疏散模拟结果

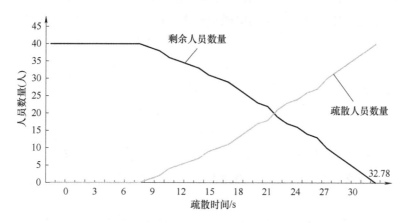

图 8-2-8　某房间人员数量和出口通过人员数量随时间的变化情况

3）比较应急措施对疏散过程的影响，说明应急疏散规划对人员疏散的影响。

8.2.4　疏散模拟报告要求

模拟报告要求包括以下部分：

1）模拟的几何信息，包括建筑物面积、楼层平面布置。

2）人员在建筑空间的分布、人员的行为特征等。

3）模拟结果应包括疏散时间、疏散出口、房间疏散记录等。

8.2.5　注意事项

1）检查所建立模型连通情况，如果存在不正确连接，导致疏散人员不能达到任何指定的出口，会弹出模型错误并提示某个人员无法通过任何出口疏散。

2）如果模型比较复杂，需要注意楼梯与房间的边交叉。

8.2.6　思考题

1）以自己熟悉的建筑为分析对象，试用 Pathfinder 创建区域模型，设置相应的人群和参数，并应用疏散模拟结果分析该建筑物事故疏散逃生过程。提出相应的应急措施。

2）思考如何在日常生活中锻炼和提高自己的疏散逃生能力。

8.3 安全生产事故现场应急处置综合实验

8.3.1 实验目的

1）进行生产安全事故原因辨析训练，掌握事故发生直接原因和间接原因的分析方法，并快速识别事故场景安全生产技术措施和管理措施的缺失，为后续的现场处置及将来的措施完善提供依据。

2）进行事故应急方案桌面演练设计与实施，熟悉和掌握应急处置程序，了解事故现场不同岗位的应急职责，能够进行应急物资调配和现场指挥与决策，提升危险控制的素质。

3）仿真模拟事故现场应急处置，提高应急处置、避险、自救和互救能力，掌握正确进行现场救助的方法。

4）进行个人防护装备使用实训，认识常见的个人防护装备，了解个人常用防护用品的使用原理，掌握个人常用防护用品的使用方法，培养在紧急状况下利用个人防护装备逃生的能力。

5）进行应急预案与应急演练的实际操作，帮助学生充分认识正确的预案在挽救国家生命、财产安全中的意义，培养系统、严谨地考虑问题的大局意识，增强职业使命感，提升职业素养。

6）进行个人防护装备使用实训，提升险境下自我防护的能力，以盲目施救导致事故后果扩大化的实际案例，强化"救人先自救"及热爱生命、敬畏生命、尊重生命的安全意识，树立"和谐、友善"的社会主义核心价值观。

8.3.2 实验内容

本实验由三部分构成：生产安全事故应急演练、心肺复苏实训、个体防护装备使用实训。

1. 生产安全事故应急演练

（1）建立工作小组

将学生分配至相应的小组，每组选出小组长。由小组长主持，对小组成员进行角色和任务分配。

（2）典型生产安全事故案例选择与分析

1）各小组从图片库中抽取生产现场安全隐患的照片。

2）根据隐患辨析可能发生的生产安全事故类型。

3）根据后果，搜索相关事故案例，并用所学的知识进行事故原因分析。

（3）生产安全事故应急预案编制

根据选取的典型事故场景，按照《生产经营单位生产安全事故应急预案编制导则》

（GB/T 29639—2020）的要求，编制现场处置方案。在方案中，工作小组应分工明确。

（4）生产安全事故应急演练

采用桌面演练的形式，按照国务院应急管理办公室颁发的《生产安全事故应急演练基本规范》（AQ/T 9007—2019）的要求，分角色进行。各小组均应做好记录。

根据《生产安全事故应急演练评估规范》进行评分。

2. 心肺复苏实训

心肺复苏既是专业的急救医学，也是现代救护的核心内容，是最重要的急救知识技能，它是在生命垂危时采取的行之有效的急救措施。在日常生活中，人由于心脏骤停（如触电、溺水、中毒、高空作业、交通事故、心脏疾病、心肌梗死、自然灾害、意外事故等所造成的心脏骤停），而必须采取气道放开、闭胸心脏按压、人工呼吸、体外除颤等抢救过程，使病人在最短的时间内得到救护。在抢救过程中气道是否放开，闭胸心脏按压位置、按压强度是否正确，人工呼吸吹入潮气量是否足够，动作是否规范等，是抢救能否成功的关键。因此心肺复苏是必须要掌握的基本生命支持技术。

实验仪器：全自动心肺复苏模拟人体模型。

（1）认识心肺复苏模拟人体模型

取出心肺复苏模拟人体模型，认识模拟人体模型及相关配件的主要结构（图 8-3-1）。

（2）心肺复苏模拟人体模型的安装

使模拟人体模型平躺在操作台或平地上，先将微机控制显示器连接电源线，再将微机控制显示器与人体模型用数据线进行连接，最后将微机控制显示器与 220V 电源接好，即完成心肺复苏模拟人体模型的连线安装过程。

（3）操作前功能设定及使用方法

完成连线过程后，打开微机控制显示器后面的电源开关，此时显示器响起欢迎使用的语音提示开始以下操作：

1）按功能键开始设定并按<确认>键确认（进行任何设定后都要按<确认>键进行确认）。

2）选择操作标准。

3）选择操作方式。有三种工作方式可供选择：

① 训练。用户可以随意进行人工呼吸和闭胸心脏按压操作，以便熟练技术。

② 考核。可根据语音提示自行设定：操作频率（100～120 次/min）、操作时间（10～300s）、正确率（1%～100%）。

根据相关国际心肺复苏标准，正确按压和吹气数的比例为 30：2，完成 5 个循环操作。

③ 实战。

可根据语音提示自行设定：操作频率（100～120 次/min）、操作时间（10～300s）、按压次数（1～30 次）、吹气次数（1～5 次）、循环次数（1～9 次）、正确率（1%～100%）。

然后听到"请开始键进行操作"的语音提示，此时操作时间以倒计时的方式开始计时，即可进行操作。

注意：在操作过程中或操作程序完成后（要进入下一轮操作前），若因操作不正确或其

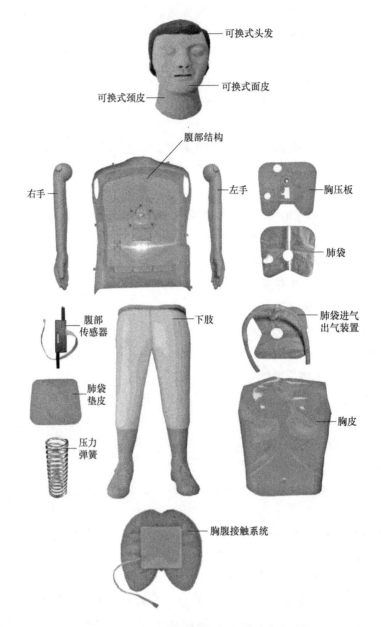

可换式头发

可换式面皮

可换式颈皮

腹部结构

右手   左手   胸压板

肺袋

腹部传感器   下肢   肺袋进气出气装置

肺袋垫皮

胸皮

压力弹簧

胸腹接触系统

图 8-3-1　模拟人体模型及相关配件的主要结构

他原因需重新设定操作数值时，请按<复位>键重新设定操作。

（4）操作过程中必须要掌握的规范动作及注意事项

1）气道开放。将模拟人平躺，操作人一只手捏住模拟人的鼻子，另一只手从后颈或下巴将头托起往后仰 70°～90°，使气道开放，便于人工呼吸，气道打开后，显示器上的气道开放指示灯会亮起。注意：每次进行人工呼吸前都需要打开气道。

2）人工呼吸功能提示。在进行口对口人工呼吸时，当操作者吹入的潮气量达到 500～1000mL，人体吹气条码灯的绿灯发光管（正确区域）显示，吹气正确数码计数 1 次。当操作者吹入的潮气量小于 500mL 或大于 1000mL，人体吹气条码灯的黄灯发光管（不足）或红灯发光管（过大）显示，吹气错误数码计数 1 次，并有语音提示"吹气不足"或"吹气过大"，如吹气量超大或过快，会有语音提示"吹气进胃部"并记错误次数 1 次。出现错误后需纠正错误再进行操作。

3）闭胸心脏按压功能提示。首先找准胸部正确位置：胸骨下切向上两指，胸骨正中部（胸口剑突向上两指处）为正确按压区，双手交叉叠在一起，手臂垂直于模拟人胸部按压区，进行闭胸心脏按压。若按压位置正确，并且按压强度正确（正确的按压深度为 5～6cm），人体按压条码灯的绿灯发光管（正确区域）显示，正确按压数码计数 1 次，若按压位置错误，将有"按压位置偏上""按压位置偏下""按压位置偏右""按压位置偏左"四种语音提示，并在按压错误计数 1 次。若按压位置正确而按压强度错误，人体按压条码灯的黄灯发光管（不足）或红灯发光管（过大）显示，将有语音提示"按压不足"或"按压过大"等，按压错误数码计数 1 次，需纠正错误再进行操作。

（5）操作方式

1）训练。此项操作是让学员熟练掌握操作基本要领及各项步骤。当功能设定好，学员就可以进行人工呼吸或闭胸心脏按压。操作正确错误有各类功能液晶显示及语音提示。在完成设定好的操作时间后，可按<打印>键打印操作记录。

2）考核模式。在经过训练操作且能熟练掌握急救操作的基础上进行考试。必须按考试标准程序进行，依据相关国际心肺复苏标准按压与吹气比 30：2，即正确闭胸心脏按压 30 次（不包括错误按压次数），人工呼吸 2 次（不包括错误吹气次数）。要求在考核设定的时间内，连续操作完成 5 个循环；最后正确按压次数显示为 150 次，正确吹气次数显示为 10 次，即可成功完成考核。若不能在设定的时间内完成上述操作，则急救失败，需重新考核。当成功完成考核后，将有语音提示"急救成功"，颈动脉连续搏动，瞳孔由原来的散大自动恢复正常。此时确认急救成功，即可按<打印>键打印操作成绩单，以供考核成绩评定及存档用。

3）实战模式。实战考核模式是一个自由操作设定的模式，它不再限制考核操作中按压 30 次和吹气 2 次及 5 个循环的标准操作模式，可自行设定操作时间范围、操作标准、操作频率、循环次数、按压次数和吹气次数的数值。在设定好程序后开始操作，操作的内容就是此前自行设定的内容程序。如在设定的时间和频率内完成按设定好循环次数所需的按压和吹气数，就表明考核通过，急救成功；反之，没能在设定时间完成操作表明考核不通过。此模式是一个非常自由的考核模式。操作结束后即可按<打印>键打印操作成绩单，以供考核成绩评定及存档用。

（6）单人模式操作考核的规范步骤（图 8-3-2）

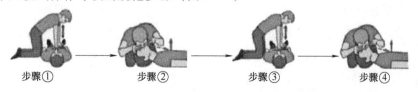

步骤①   步骤②   步骤③   步骤④

图 8-3-2　单人模式操作考核的规范步骤

步骤①：首先进行正确闭胸心脏按压 30 次（显示器显示正确按压数为 30）。

步骤②：先打开气道（此时显示器气道开放灯亮起），再进行正确人工吹气 2 次（显示器显示正确吹气显示为 2）。

步骤③、④：连续进行正确闭胸心脏按压 30 次、正确人工呼吸 2 次（即 30∶2）的 5 个循环（包括步骤①、②的一个循环在内）。

最后显示器显示正确按压显示为"150"，正确吹气显示为"10"，即确认单人操作按程序操作成功，随之有语音提示"操作成功"，颈动脉连续搏动，瞳孔由原来的散大自动缩小，说明急救成功。

注：双人考核操作步骤，就是一人做闭胸心脏按压，同时另一人做气道开放以及等按压完成后立即进行人工呼吸的操作，步骤跟单人考核步骤一样。

（7）更换肺袋

肺囊装置（肺袋）破裂需重新更换时，可打开胸皮，将肺袋上面的垫皮与传感器吹气拉杆连接的螺钉拧出，拿掉垫皮，把透明肺袋与胸压板下面的三通管连接处的波纹管拔出，按样更换上备用新的肺袋，按原样组装，恢复原样。

（8）注意事项

1）口对口人工呼吸时，必须垫上消毒纱布面巾，一人一片，以防交叉感染。

2）操作时应清洁双手，女性请擦除口红及唇膏，以防脏污面皮及胸皮，更不允许用笔涂画模型。

3）按压操作时，一定按节奏按压，以免程序出现紊乱。若出现程序紊乱，立刻关掉微机控制显示器总电源，重新开启，以防影响微机控制显示器的使用寿命。

3. 个体防护装备使用实训

（1）个体防护装备

个体防护装备（Personal Protective Equipment，PPE）是从业人员为防御物理、化学、生物等外界因素伤害所穿戴、配备和使用的各种护品的总称。常见的个体防护装备有：安全帽、防护服、防护手套、焊接面罩、耳塞、安全带、护目镜、电绝缘装具（含服装、手套、靴子）、防静电服、防高温手套、防毒面具、空气呼吸器等。从业人员可根据作业类别选择合适的防护装备。

在进入危险场所或从事危险作业前，应按照要求佩戴好个体防护装备，保护自己的人身安全，树立"救人先自救"的安全意识。

（2）过滤式消防自救呼吸器实训

1）实验装置。TZL30 过滤式消防自救呼吸器又称为逃生呼吸器或者消防逃生呼吸器，它的产品质量符合《建筑火灾逃生避难器材 第 7 部分：过滤式消防自救呼吸器》（GB 21976.7—2012）的相关规定。TZL30 过滤式消防自救呼吸器能有效防护火灾时产生的一氧化碳（CO）、氰化氢（HCN）、有毒烟雾对人体的伤害，可有效阻燃隔热，适合从浓烟毒气中逃生使用。

TZL30 过滤式消防自救呼吸器的外观如图 8-3-3 所示。

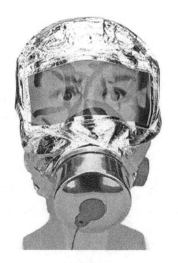

图 8-3-3 TZL30 过滤式消防自救呼吸器外观

2）实验步骤：

① 认识过滤式消防自救呼吸器的结构。过滤式消防自救呼吸器结构如图 8-3-4 所示。

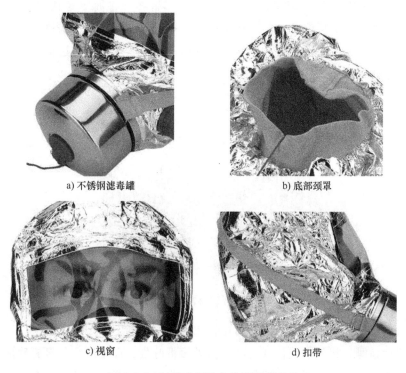

a) 不锈钢滤毒罐　　　　　　　　　　b) 底部颈罩

c) 视窗　　　　　　　　　　　　　　d) 扣带

图 8-3-4 过滤式消防自救呼吸器结构

② 佩戴呼吸器。步骤为：打开盒盖，取出密封包装袋；撕开密封包装袋，拔掉前后两个罐塞；戴上头罩，拉紧头带，即完成佩戴。

（3）自吸过滤式防毒面具使用

1）实验装置：3M 6200 半面型防毒面具。防护不同的气体配备不同的滤毒盒，可用于防护多种气体、蒸气和颗粒物，使用范围广。自吸过滤式防毒面具是利用人体自身的呼吸压力，将外界有毒物质经过防毒面具的滤毒盒过滤后，供佩戴者呼吸干净的氧气。前提条件必须是作业环境中氧含量充足。

2）实验步骤：

① 认识自吸过滤式防毒面具。自吸过滤式防毒面具的主要组件包括过滤棉、滤棉盖、滤毒盒和面具（图 8-3-5）。

过滤棉　　　　　　　滤棉盖　　　　　　　滤毒盒

图 8-3-5　自吸过滤式防毒面具组件图

② 操作步骤如下：准备面具；装上滤毒盒（图 8-3-6）；安装过滤棉，注意不要装反（图 8-3-7）；装上滤棉盖（图 8-3-8）；解开头带底部搭扣，将面罩盖住口鼻；拉起上端头带，使头带舒适地置于头顶位置；双手在颈后将头罩底部搭扣扣住；调整头带松紧，将面罩与脸部密合良好，先调整前端头带，然后调整颈后头带，若头带拉得过紧，可用手指向外推塑料片，将头带放松；密闭性检查。

图 8-3-6　装好滤毒盒后防毒面具图

密闭性检查包括正压密闭性检测和负压密闭性检测。

正压密闭性检测：将手掌盖住呼气阀并向外慢慢呼气，面罩应向外轻轻膨胀，若气体从面部及面罩间泄漏，需重新调整面罩位置，并调节头带的松紧度，达到密合良好，如果面罩不能与脸部密合良好，不得进入污染区域。

负压密闭性检测：使用者拇指抵住过滤棉的中心部分，轻轻吸气，面罩应有轻微的塌陷，并向脸部靠拢。如果感觉气体从面部及面罩间漏进，应重新调整面罩位置并调节头带的松紧度，以达到密合良好。如果面罩不能与面部密合良好，不得进入污染的区域。

图 8-3-7 过滤棉安装图

图 8-3-8 滤棉盖安装图

滤毒盒使用者将手掌盖住滤毒盒表面轻轻吸气。面罩应有轻微的塌陷，并向脸部靠拢。若感觉气体从面部及面罩间漏进，请重新调整面罩位置并调节好带的松紧度，以达到密合良好。如果面罩不能与面部密合良好，请勿进入污染的区域。

（4）安全帽佩戴实训

1）认识安全帽结构。帽壳必须与帽衬良好连接。同时，两者不应紧贴，应有一定的间隙，一般为 2~4cm（视材料情况而定）。当物体坠落到帽子上时，帽衬可起到缓冲作用，以免颈椎受到伤害。安全帽结构如图 8-3-9 所示。

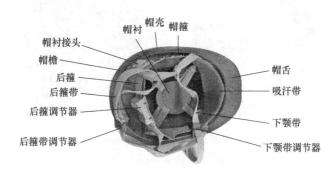

图 8-3-9 安全帽结构示意图

2）安全帽产品检查：

① 检查合格证和有效期：生产日期标识清晰，试验合格且在有效期内。一般塑料安全帽有效期为 2.5 年。

② 检查外观和连接部件：帽壳、帽箍、帽衬、后箍、下颚带等应完好无缺失。帽壳表面平整光滑，无裂纹，无灼伤和冲击痕迹，帽衬与帽壳连接牢固，调节器开闭灵活，卡位牢固。

③ 检查按压衬垫：手握拳头压托带衬垫，应与内顶垂直，并保持 20~50mm 的空间。

3）安全帽佩戴步骤：

① 双手持帽檐，将安全帽从前到后扣于头顶。

② 调整后箍调节器。

③ 收紧后箍带。

④ 收紧下颚带。

⑤ 试一下佩戴效果，应做到：低头不下滑，昂头不松动。

（5）全身式安全带佩戴实训

坠落防护是指为防止人从高处跌落和因跌落而造成严重的人身伤害所采取的防护措施。全身式安全带是高处作业人员预防坠落伤亡的个人防护用品，由带子、绳子和金属配件组成，简称安全带。

1）认识全身式安全带结构。安全带主要由带子、绳子和金属配件组成，具体结构如图 8-3-10 所示。

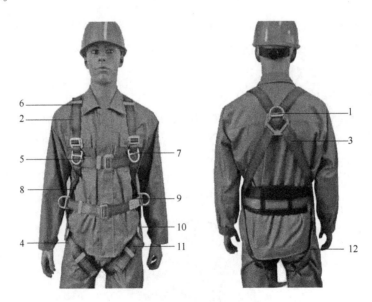

图 8-3-10　安全带结构图

1—防坠落连接点　2—D 形环延长带　3—向上箭头指示　4—腿带　5—胸带　6—肩部 D 形环
7—胸部 D 形环　8—腰部支撑　9—腰带　10—侧面 D 形环　11—腿部连接　12—腿带

2）安全带佩戴：

① 检查安全带，握住安全带背部衬垫的 D 形环扣，抖动安全带，使所有的带子均回到原位，保证织带没有缠绕在一起。

② 检查安全带的各部分是否完好无破损，确认尺寸是否合适。重点检查带子缝制部分、带扣和挂钩。如果胸带、腰带或腿带带扣没有打开，请解开带子或解开带扣。

③ 把肩带套到肩膀上，让 D 形环处于后背两肩中间的位置。

④ 从两腿中间拉出腿带，一只手从后部拿着后面的腿带，从裆下向前送给另一只手，扣在前面的带扣上，然后用同样的方法扣好第二根腿带。

⑤ 扣好腿带之后再扣腰带。

⑥ 扣好胸带并将其固定在胸部中间带夹以防止松脱。胸带必须在肩部以下 15cm 的地方，多余长度的织带穿入调整环中。

⑦ 当所有带子和带扣都扣好后，收紧所有的带扣，让安全带尽量贴近身体、但又不会影响活动。将多余的带子穿到带夹中以防止松脱。

⑧ 调整安全带。肩部：从肩部开始调整全身的织带，确保腿部织带的高度正好位于臀部的下方，背部 D 形环位于两肩胛骨之间。

腿部：对腿部织带进行调整，试着做单腿前伸和半蹲，调整使用的两侧腿部织带长度相同。

胸部：胸部织带要交叉在胸部中间位置，并且大约离开胸部底部 3 个手指指宽的距离。

3）安全带存储和使用注意事项。

① 安全带须存放在干燥通风处，不得在潮湿的仓库中存储。

② 不得接触高温、明火、强酸、强碱或尖锐物体。

③ 严禁擅自接长使用，各部件不得任意拆除。

④ 使用 3m 及以上的长绳时，必须要增加缓冲器。

⑤ 高挂低用，即将安全带的二次保险绳（后背绳）挂在高处，作业人员在低处工作。高挂低用可以在发生坠落时有效减少实际冲击距离，从而降低对腰部的伤害。

⑥ 系挂安全带时，挂点应在自己工作位置的正上方，以避免发生坠落时产生钟摆效应。禁止将安全带挂在移动的、带尖锐棱角的或不牢固的物体上，禁止将安全绳拖在地上、系在物件的开口处（自由端），或将挂钩扣搭在物件的边缘，挂点必须选择相对封闭、牢固的位置。

⑦ 登高作业超过 2m 时，必须系好围杆带。返回低处时，高度低于 2m 方可解开围杆带。

（6）正压式空气呼吸器佩戴实训

正压式空气呼吸器是一种自给开放式空气呼吸器，主要适用于消防、化工、船舶、石油、冶炼、厂矿等场所，使消防员或抢险救护人员能够在充满浓烟、毒气、蒸气或缺氧的恶劣环境下安全地进行灭火、抢险救灾和救护工作。

正压式空气呼吸器是使用压缩空气的带气源的呼吸器，它依靠使用者背负的气瓶供给空气。气瓶中压缩空气被高压减压阀降为中压后通过吸气阀进入呼吸面罩，并保持一个可自由呼吸的压力。无论呼吸速度如何，通过吸气阀的空气在面罩内始终保持轻微的正压，阻止外部空气进入。

1）认识空气呼吸器结构。空气呼吸器一般可分为气瓶、呼吸器具（背架组件）、面罩三大部分，具体部件有面罩、气瓶、瓶带组、肩带、报警哨、压力表、气瓶阀、减压器、背托、腰带组、快速接头、供气阀等组成。空气呼吸器结构如图 8-3-11 所示。

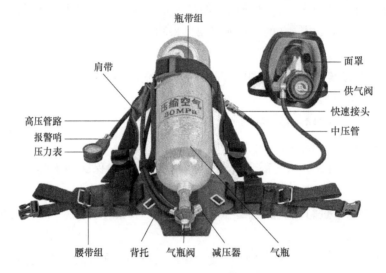

图 8-3-11　空气呼吸器结构

2）空气呼吸器佩戴步骤：

① 从包装箱内取出呼吸器，进行以下检查：

检查面罩：看面罩玻璃是否清晰完好，无划痕、无裂痕或者是模糊不清；系带完好，不缺、不断；呼吸道畅通；戴好面罩，用手掌捂住呼吸道，看是否密封不透气，无"咝咝"的响声。

检查肩带、腰带：腰带组、卡扣必须完好无损。

检查气瓶的气密性：气瓶固定在背托上牢靠；各压力表、管线连接紧固，不松动、不漏气，打开和关闭瓶阀，在 1min 内压力的下降≤2MPa，保持工作压力为 30MPa，则最小压力应为 28MPa。

② 背上呼吸器。将气瓶底部朝向自己，然后展开肩带，并将其分别置于气瓶两边。两手同时抓住背架两侧，将呼吸器举过头顶；同时，两肘内收，贴近身体，身体稍微前倾，使空气呼吸器自然落于背部（气瓶开关在下方），同时确保肩带环顺着手臂滑落至肩膀，然后站立，向下拉肩带，将空气呼吸器调整到舒适的位置，使臀部承重。将腰带上的腰扣扣好，然后将腰带左右两侧的伸出端同时向侧后方拉动，将腰带收紧。

③ 检查警报哨的警报性能：

确保供气阀关闭。

打开气瓶阀门约半圈，观察压力表，并在压力稳定后关闭气瓶阀门。

报警性能检查：用左手掌盖挡住供气阀出口，留一个小缝隙，用右手轻轻按下供气阀的排气按钮，观察压力表的变化。当压力降至 6.5MPa 左右时，应减少排气量，注意观察压力表，同时注意报警哨声，在压力为 5.5±0.5MPa 时发出报警鸣笛。

检查报警性能后，打开气瓶阀至少两圈。

④ 戴上面罩并检查气密性：

取出面膜，放松面膜的头带；将面罩的颈带挂在脖子上；套上盖，使下颚放置在面罩的下颚插座中；拉动头带，使头带中心位于头部中心；将下部两个头带拧紧到合适的张力，并注意拧紧方向应向后；将中间两个头带拧紧到合适的张力；将上头带拧紧到合适的张力；检查磨损的气密性：用手挡住面罩的进气口并深呼吸。如果觉得面罩有吮吸面部的倾向，并且面罩内没有气流，则面罩和面部达到密封。

⑤ 连接供气阀并进入工作现场：

将进气阀的出气口插入面罩中，若发出"咔嗒"一声，表示供气阀和面罩已连接；深呼吸并打开供气阀；多次呼吸，无感觉不适，可以进入工作场所；注意工作期间压力表的变化，如果压力下降到警报哨声响起，必须立即撤回到安全的地方。

⑥ 脱掉呼吸器：

返回安全的地点。

断开供气阀：吸一口气并屏住呼吸，按下供气阀的红色按钮关闭供气阀，右手握住供气阀，使阀体在手掌中，用拇指、食指和中指握住圆筒的手轮以一定角度旋转，将供气阀拉出面罩。

取下面罩：使用面罩头带上的不锈钢扣松开头带，抓住面罩上的进气口将面罩拉出，取下并放置面罩。

取下呼吸器：将拇指插入带扣，然后从外塞的舌片上松开扣环，解开扣，将肩带扣在肩带上以松开肩带，取下肩带，取下呼吸器。

关闭气瓶阀门。

按下供气阀上保护盖的绿色按钮，排出系统中的残留空气。否则，气瓶和减压器不能断开。

3) 注意事项：

① 使用前必须按照要求检测呼吸器是否正常，否则将有可能导致使用者有生命危险。

② 工作过程中时刻关注压力表的变化，当报警哨开始鸣叫必须马上撤离到安全区域，否则将有生命危险。

③ 检查、佩戴、装箱要在 3min 内完成；按顺序在 30s 内完成佩戴。

参考文献

［1］ PERRY J，BURNFIELD J M. 步态分析：正常和病理功能［M］. 姜淑云，译. 上海：上海科学技术出版社，2017.

［2］ DAVIES M J，DALSKY G P. Economy of mobility in older adults［J］. Journal of Orthopaedic & Sports Physical Therapy，1997，26（2）：69-72.

［3］ PRINCE F，CORRIVEAU H，HÉBERT R，et al. Review article-gait in the elderly［J］. Gait & Posture，1997（5）：128-135.

［4］ SUN J，LIU Y，YAN S，et al. Clinical gait evaluation of patients with knee osteoarthritis［J］. Gait & Posture，2017（58）：319-324.

［5］ RIZZO J A，FRIEDKIN R，WILLIAMS C S，et al. Health care utilization and costs in a medicare population by fall status［J］. Medical Care，1998，36（8）：1174-1188.

［6］ 高玉坤，张英华. 安全工程实验指导书［M］. 北京：冶金工业出版社，2017.

［7］ 杨健，陈伯辉. 安全工程实验［M］. 北京：化学工业出版社，2019.

［8］ 牛美玲，刘爱群，王本强. 安全工程实验指导书［M］. 武汉：华中科技大学出版社，2017.

［9］ 钮英建. 电气安全工程［M］. 北京：中国劳动社会保障出版社，2009.

［10］ 迟长春. "电气安全工程"课程思政建设的探索与应用［J］. 经济师，2020（11）：191-192.

［11］《国防科技工业无损检测人员资格鉴定与认证培训教材》编审委员会. 磁粉检测［M］. 北京：机械工业出版社，2004.

［12］ 付亚波. 无损检测实用教程［M］. 北京：化学工业出版社，2018.

［13］ 蒋军成，王志荣. 工业特种设备安全［M］. 2版. 北京：机械工业出版社，2019.

［14］ 生利英. 超声波检测技术［M］. 北京：化学工业出版社，2014.

［15］ 中国特种设备检验协会组织. 磁粉检测［M］. 2版. 北京：中国劳动社会保障出版社，2007.

［16］ 金信鸿，张小海，王广坤. 渗透检测［M］. 北京：机械工业出版社，2018.

［17］ 张乃禄，徐竟天，薛朝妹. 安全检测技术［M］. 西安：西安电子科技大学出版社，2007.

［18］ 陈沅江，吴超，吴桂香. 职业卫生与防护［M］. 2版. 北京：机械工业出版社，2018.

［19］ 王春雪，吕淑然. 人员应急疏散仿真工程软件：Pathfinder 从入门到精通［M］. 北京：化学工业出版社，2016.

［20］ 邵辉，毕海普，邵小晗. 安全风险分析与模拟仿真技术［M］. 北京：科学出版社，2018.